↓テスト前1週間でやることを決めよう。(2週間前から取り組む場合は2列使う。)

➡点線にそって切り取りましょう。

WEEKLY STUDY PLAN

Name of the Test ←テスト名を書こう。

Test Period ←テスト期間を書こう。

/ ～ /

→Date 勉強する日付を書こう。

To-do List ← やることを書こう。(例)「英単語を10個覚える」など。

Time Record ←実際にその日勉強した時間分のマス目をぬろう。1マス10分。

0分 10 20 30 40 50 60分

1時間 2時間 3時間 4時間 5時間 6時間

Gakken New Course Study Plan Sheet

WEEKLY STUDY P

Name of the Test

Date To-do List

LAN

Test Period

/ ～ /

Time Record

0分 10 20 30 40 50 60分

1時間
2時間
3時間
4時間
5時間
6時間

Time Record

0分 10 20 30 40 50 60分

1時間
2時間
3時間
4時間
5時間
6時間

Time Record

0分 10 20 30 40 50 60分

1時間
2時間
3時間
4時間
5時間
6時間

Time Record

0分 10 20 30 40 50 60分

1時間
2時間
3時間
4時間
5時間
6時間

Time Record

0分 10 20 30 40 50 60分

1時間
2時間
3時間
4時間
5時間
6時間

Time Record

0分 10 20 30 40 50 60分

1時間
2時間
3時間
4时間
5時間
6時間

Time Record

0分 10 20 30 40 50 60分

1時間
2時間
3時間
4時間
5時間
6時間

WEEKLY STUDY PLAN

Name of the Test

Test Period

/ ～ /

Date	To-do List
/ ( )	□
	□
	□
	□
	□
/ ( )	□
	□
	□
	□
	□
/ ( )	□
	□
	□
	□
	□
/ ( )	□
	□
	□
	□
	□
/ ( )	□
	□
	□
	□
	□
/ ( )	□
	□
	□
	□
	□
/ ( )	□
	□
	□
	□
	□

Time Record

0分 10 20 30 40 50 60分

1時間
2時間
3時間
4時間
5時間
6時間

Time Record

0分 10 20 30 40 50 60分

1時間
2時間
3時間
4時間
5時間
6時間

Time Record

0分 10 20 30 40 50 60分

1時間
2時間
3時間
4時間
5時間
6時間

Time Record

0分 10 20 30 40 50 60分

1時間
2時間
3時間
4時間
5時間
6時間

Time Record

0分 10 20 30 40 50 60分

1時間
2時間
3時間
4時間
5時間
6時間

Time Record

0分 10 20 30 40 50 60分

1時間
2時間
3時間
4時間
5時間
6時間

Time Record

0分 10 20 30 40 50 60分

1時間
2時間
3時間
4時間
5時間
6時間

←点線にそって切り取りましょう。

【学研ニューコース】

問題集

中1理科

Gakken

学研ニューコース　Gakken New Course for Junior High School Students

もくじ　Contents

中1理科 問題集

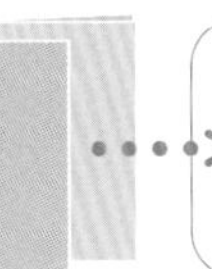

「解答と解説」は別冊になっています。本冊と軽くのりづけされていますので，はずしてお使いください。

本書の特長と使い方

構成と使い方

1項目4ページ構成

【1見開き目】

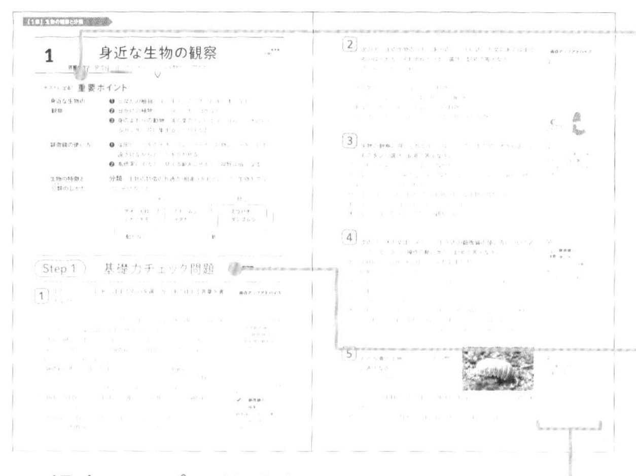

テストに出る！ 重要ポイント

各項目のはじめには，その項目の重要語句や要点，公式・法則などが整理されています。まずはここに目を通して，テストによく出るポイントをおさえましょう。

Step 1　基礎力チェック問題

基本的な問題を解きながら，各項目の基礎が身についているかどうかを確認できます。

わからない問題や苦手な問題があるときは，「得点アップアドバイス」を見てみましょう。

得点アップアドバイス

✔ おさえておくべきポイントや公式・法則。

テストで注意　テストでまちがえやすい内容の解説。

復習　小学校や今までの学習内容の復習。

ヒント　問題を解くためのヒント。

【2見開き目】

Step 2　実力完成問題

標準レベルの問題から，やや難しい問題を解いて，実戦力をつけましょう。まちがえた問題は解き直しをして，解ける問題を少しずつ増やしていくとよいでしょう。

入試レベル問題に挑戦

各項目の，高校入試で出題されるレベルの問題にとり組むことができます。どのような問題が出題されるのか，雰囲気をつかんでおきましょう。

問題につくアイコン

✓よくでる　定期テストでよく問われる問題。

ミス注意　まちがえやすい問題。

学習内容を応用して考える必要のある問題。

本書の特長

ステップ式の構成で無理なく実力アップ

充実の問題量＋定期テスト予想問題つき

スタディプランシートでスケジューリングもサポート

数項目ごと

定期テスト予想問題

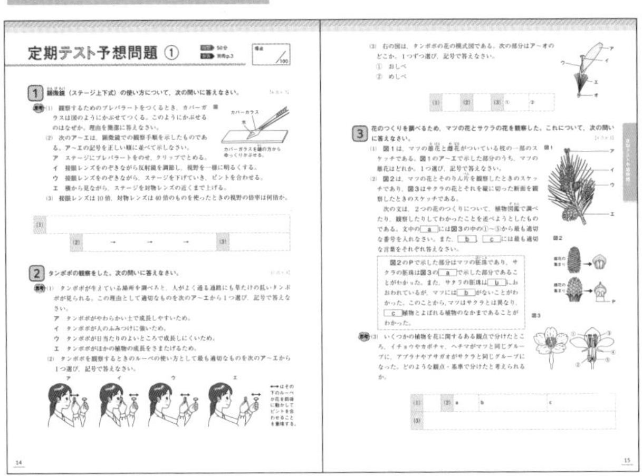

学校の定期テストでよく出題される問題を集めたテストで，力試しができます。制限時間内でどれくらい得点がとれるのか，テスト本番に備えてとり組んでみましょう。

解答と解説【別冊】

解答は別冊になっています。くわしい解説がついていますので，まちがえた問題は，解説を読んで，解き直しをすることをおすすめします。
特に誤りやすい問題には，「ミス対策」があり，注意点がよくわかります。

スタディプランシート

定期テストや高校入試に備えて，勉強の計画を立てたり，勉強時間を記録したりするためのシートです。計画的に勉強するために，ぜひ活用してください。

まずはテストに向けて，いつ何をするかを決めよう！

1 身近な生物の観察

ニューコース参考書
中1理科

攻略のコツ 顕微鏡の使い方や水中の小さな生物がよく問われる！

テストに出る！ 重要ポイント

身近な生物の観察

❶ 日なたの植物…タンポポ，ナズナ，ハルジオンなど。
❷ 日かげの植物…ドクダミ，ゼニゴケなど。
❸ 身のまわりの動物…落ち葉の下にいるダンゴムシ，水辺にいるカエル，花に集まるミツバチなど。

顕微鏡(けんびきょう)の使い方

❶ 接眼レンズをのぞき，プレパラートと対物レンズを少しずつ遠ざけながらピントを合わせる。
❷ 高倍率にすると，見える範囲(はんい)はせまく，視野は暗くなる。

生物の特徴(とくちょう)と分類(ぶんるい)のしかた

分類…生物の特徴の共通点・相違(そうい)点をもとにして，生物をグループに分けること。

Step 1 基礎力チェック問題

解答 別冊p.2

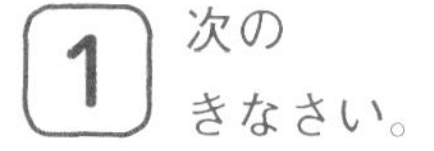

1 次の　　　　にあてはまるものを選ぶか，あてはまる言葉を書きなさい。

(1) ミドリムシやゾウリムシなどの水中の小さな生物を観察するのに用いる器具には，［顕微鏡　双眼実体顕微鏡(そうがんじったいけんびきょう)　ルーペ］が適している。
(2) 活発に動くのは［アオミドロ　ミカヅキモ　アメーバ］である。
(3) 顕微鏡で観察するとき，顕微鏡は直射日光が［当たる　当たらない］明るいところに置くようにする。
(4) 顕微鏡の明るさは，しぼりと［　　　　　　］で調節する。
(5) 接眼レンズをのぞきながらピントを合わせるときには，対物レンズとプレパラートを［近づけながら　遠ざけながら］行う。
(6) 10倍の対物レンズと15倍の接眼レンズを使ったとき，顕微鏡の倍率は［25倍　150倍］になる。
(7) 共通する特徴をもつものを1つのグループにまとめて，いくつかのグループに整理することを［　　　　　　］という。

得点アップアドバイス

1

(1) ルーペは10倍程度，双眼実体顕微鏡は20〜40倍，顕微鏡は40〜600倍程度で観察することができる。

(5) ピントを合わせるときは，プレパラートが割れないようにする。

✔ **顕微鏡の倍率**
顕微鏡の倍率＝接眼レンズの倍率×対物レンズの倍率

2 【野外の生物の観察】

次のア～エの生物のうち，あとの(1)～(4)に述べた文にあてはまるものはどれか。それぞれ１つずつ選び，記号で答えなさい。

ア　ゼニゴケ　　イ　ナズナ　　ウ　カエル　　エ　ヤスデ

(1)　落ち葉や石の下で生活している動物。〔　　〕
(2)　日当たりのよいところによく見られる植物。〔　　〕
(3)　池などの水辺の近くで生活している動物。〔　　〕
(4)　日かげでしめりけの多いところによく見られる植物。〔　　〕

3 【ルーペの使い方】

生物の観察に用いられるルーペについて，次のア～オから正しいものを２つ選び，記号で答えなさい。〔　　〕

ア　試料を太陽にかざして見ると観察しやすい。
イ　ルーペと目の間隔(かんかく)を変えず，観察しようとするものを前後に動かすなどしてピントを合わせる。
ウ　ルーペは，アオミドロなどの水中の小さな生物の観察に適している。
エ　目とルーペの間隔を変えながら，ピントを合わせる。
オ　ルーペは，花のつくりなどの観察に適している。

4 【顕微鏡の使い方】

次のア～オの文は，ステージ上下式の顕微鏡の使い方について述べている。正しい操作の順に並べ，記号で答えなさい。

ア　反射鏡としぼりを動かして，視野全体を明るくする。
イ　接眼レンズをとりつける。
ウ　接眼レンズをのぞいて，はっきり見えるところまで，静かにステージを下げる。
エ　対物レンズをとりつける。
オ　プレパラートをステージの中央にのせ，横から見ながら対物レンズがプレパラートとすれすれになるまで，ステージを上げる。

〔　　→　　→　　→　　→　　〕

5 【野外の生物】

右の写真の生物について，次の問いに答えなさい。

(1)　右の写真の生物を何というか。〔　　〕
(2)　右の写真の生物は，どのような場所に生活しているか。次のア，イから選び，記号で答えなさい。〔　　〕

ア　日当たりのよい野原　　イ　日かげの落ち葉や石の下

得点アップアドバイス

2

生物は，それぞれふえるのに適した場所で生活しているんだ。

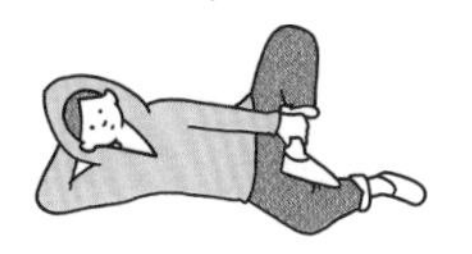

3

ア　レンズを通して強い光を見ると目を傷(いた)める。
ウ，オ　ルーペの倍率から考える。

4

テストで注意　顕微鏡の使い方

レンズのとりつけ順に注意。ほこりが入らないようにすることを考える。

5

写真の生物は，しめった場所を好む。

実力完成問題

解答 別冊p.2

Aさんは，校舎の周辺に生息しているタンポポとドクダミを調べた。右の図はその結果を模式的に表したものである。●，○はタンポポ，ドクダミのいずれかである。次の問いに答えなさい。

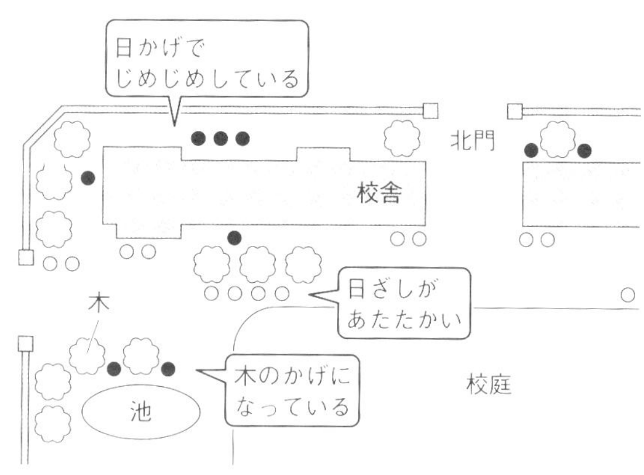

✓よくでる (1) 図の●は，タンポポとドクダミのどちらの分布を表しているか。

(2) タンポポとドクダミが多く見られる場所は，次のア～エのどのような場所だと考えられるか。それぞれ記号で答えなさい。

タンポポ　　ドクダミ

ア　日当たりがよく，かわいている。　イ　日当たりがよく，しめっている。
ウ　日当たりが悪く，かわいている。　エ　日当たりが悪く，しめっている。

顕微鏡の使い方について，次の問いに答えなさい。

✓よくでる (1) 鏡筒上下式の顕微鏡の使い方について，正しく述べたものを次のア～オから2つ選び，記号で答えなさい。

ア　反射鏡を調節し，直射日光が入るようにする。
イ　レンズをとりつけるときは，接眼レンズ，対物レンズの順にとりつける。
ウ　はじめに高い倍率で観察してから，低い倍率にして細かく観察する。
エ　対物レンズを高倍率に変えると，レンズとプレパラートの距離が近くなる。
オ　ピントを合わせるときは，対物レンズを下げながら合わせていく。

ミス注意 (2) 次の文は，顕微鏡の見え方について述べている。〔　〕のア，イのうち，あてはまる言葉を選び，それぞれ記号で答えなさい。　①　②

顕微鏡の対物レンズを低い倍率から高い倍率に変えると，見える範囲は①〔ア　せまく　イ　広く〕なり，視野の明るさは②〔ア　明るく　イ　暗く〕なる。

花を手で持ち，ルーペでそのつくりを観察する方法を述べた次の文で，〔　〕にあてはまる言葉を選び，それぞれ記号で答えなさい。　①　②

ルーペは，①〔ア　目に近づけて　イ　目から離して〕持ち，②〔ア　ルーペ　イ　花〕を前後させてピントを合わせる。

4 【プレパラートのつくり方】

観察したいものをスライドガラスにのせ，水を1滴（てき）たらしたあと，カバーガラスAをかぶせてプレパラートをつくる。カバーガラスのかぶせ方として適切なものを次のア～ウから1つ選び，記号で答えなさい。 〔　　〕

ア　Aを水平にかぶせる。

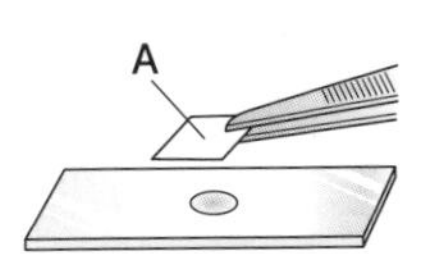

イ　Aの縁（ふち）が水にふれないようにかぶせる。

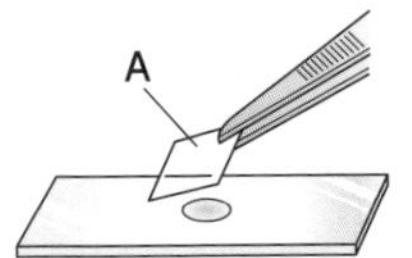

ウ　Aの縁を水にふれさせてからかぶせる。

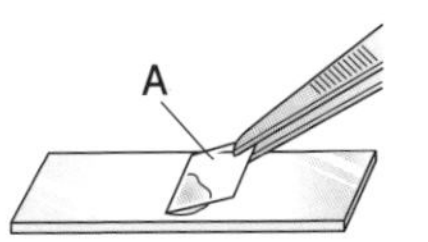

5 【生物の分類】

次のア～オの生物について，あとの問いに答えなさい。

ア

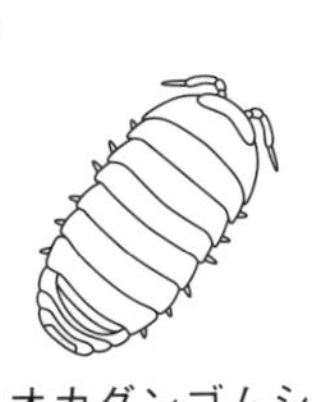

オカダンゴムシ

イ

ミカヅキモ

ウ

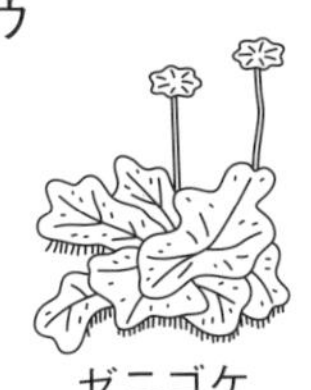

ゼニゴケ

エ

タンポポ

オ

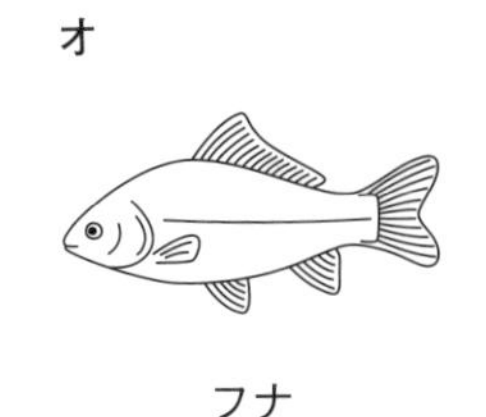

フナ

✓よくでる (1)　ア～オのうち，陸上のしめった場所で生活する生物はどれか。すべて選び，記号で答えなさい。 〔　　〕

(2)　水中で生活している生物はどれか。すべて選び，記号で答えなさい。 〔　　〕

入試レベル問題に挑戦

6 【顕微鏡の使い方】

顕微鏡での観察について，次の問いに答えなさい。

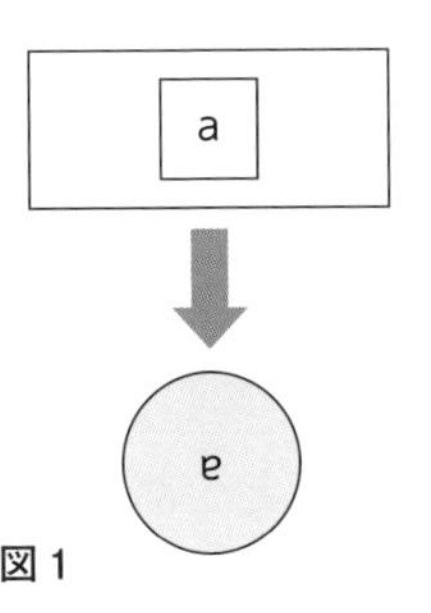

図1

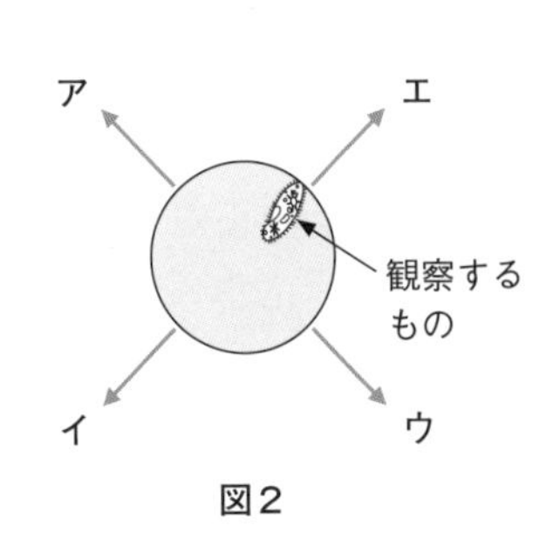

図2

(1)　顕微鏡で小さなaの文字を見ると，右の**図1**のような向きに見えた。この顕微鏡である小さな生物を観察したところ，**図2**のように視野の右上すみに見えた。この生物を視野の中央に移動させるには，プレパラートを**図2**の**ア～エ**のどの向きにずらせばよいか。記号で答えなさい。 〔　　〕

(2)　60倍の倍率で観察したところ，視野の中に小さな生物が25匹見えた。倍率を150倍にして観察すると，小さな生物は何匹見えるか。ただし，生物は一様に分布しているものとする。 〔　　〕

ヒント

顕微鏡の倍率を2倍にすると，視野は4分の1になることから考えよう。

2 花のつくりとはたらき

ニューコース参考書
中1理科

攻略のコツ 子房→果実，胚珠→種子と被子植物と裸子植物の胚珠のちがいがよく問われる！

テストに出る！ 重要ポイント

花のつくり

ふつう，花の外側から順にがく，花弁（かべん），おしべ，めしべがある。

▼被子植物（サクラ）

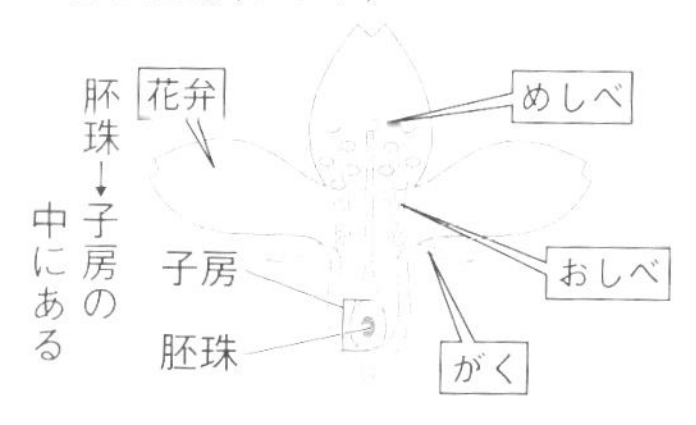

種子（しゅし）のでき方

めしべの柱頭（ちゅうとう）に花粉（かふん）がつくと，**子房（しぼう）→果実（かじつ）**，**胚珠（はいしゅ）→種子**になる。

種子植物

花がさき，種子をつくる植物。

❶ **被子植物（ひししょくぶつ）**…胚珠が子房の中にある植物。

例 サクラ，アブラナなど。

❷ **裸子植物（らししょくぶつ）**…子房がなく，胚珠がむき出しになっている植物。

例 マツ，イチョウなど。

▼裸子植物（マツの雄花（おばな）と雌花（めばな））

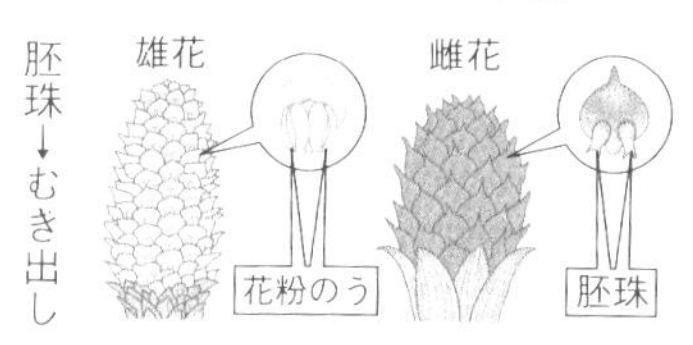

Step 1 基礎力チェック問題

解答 別冊p.2

1 次の　　　　にあてはまるものを選ぶか，あてはまる言葉を書きなさい。

(1) サクラの花のつくりを観察すると，いちばん内側には［おしべ　めしべ　花弁　がく］がある。

(2) おしべのやくには，　　　　　　が入っている。

(3) アブラナの花で，めしべのもとの部分を　　　　　　という。

(4) 右の図は，マツの［雄花　雌花］のりん片で，Aの部分を　　　　　　という。

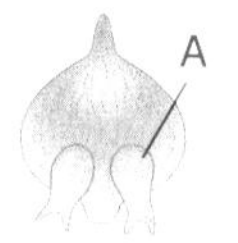

(5) めしべの柱頭に花粉がつくことを　　　　　　という。

(6) 受粉すると，やがてめしべの子房が　　　　　　になり，胚珠が　　　　　　になる。

(7) サクラやアブラナなどのように，胚珠が子房の中にある植物のなかまを　　　　　　という。

(8) マツやイチョウのように，子房がなく胚珠がむき出しの植物を　　　　　　という。

(9) 花がさいて種子をつくる植物のなかまを　　　　　　という。

得点アップアドバイス

1

(5) 柱頭は，めしべの先の部分である。

(6) 胚珠は子房の中にある。

(8) マツやイチョウは，子房がないので果実はできない。

(9) 種子によってなかまをふやし，子孫を残していく。

2 【花のつくり】

下の図は，ある花を各部分に分けて，セロハンテープで紙にはったものである。次の問いに答えなさい。

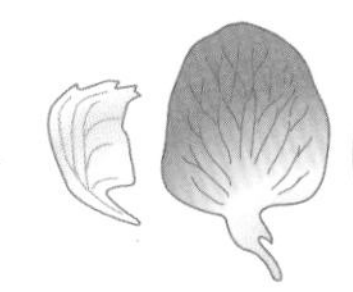
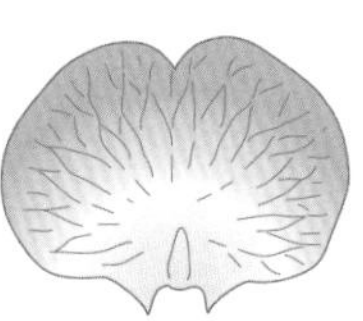

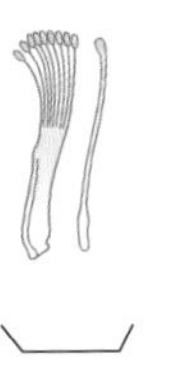

(1) 図のAを何というか。〔　　　〕

(2) 図は何の花か。次のア～エから1つ選び，記号で答えなさい。〔　　　〕

ア ツツジ　イ アブラナ　ウ エンドウ　エ イチョウ

2 (1) ふつう，1つの花に1つだけあり，中に種子のもとになるものが入っている。

3 【花のはたらき】

右の図は，ある植物の，なかまをふやすはたらきを説明するためにかいた模式図である。次の問いに答えなさい。

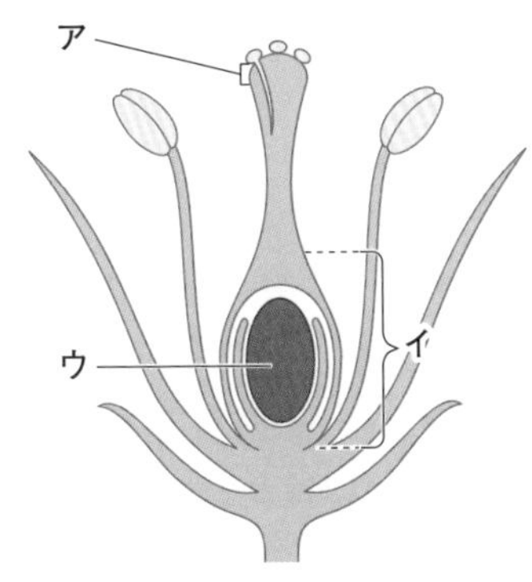

(1) めしべのア，イ，ウの部分の名称を答えなさい。

ア〔　　　〕 イ〔　　　〕

ウ〔　　　〕

(2) 花粉はおしべの先の何という部分から出されるか。〔　　　〕

(3) 花粉がアにつくことを何というか。〔　　　〕

(4) (3)が起こったあと，図の中で，果実になる部分と種子になる部分をそれぞれ記号で答えなさい。 果実〔　　　〕 種子〔　　　〕

3 (4) カキやサクラなどは，種子が果実の中にある。

4 【マツの花のつくり】

右の図は，マツの雄花と雌花をそれぞれ示している。これについて，次の問いに答えなさい。

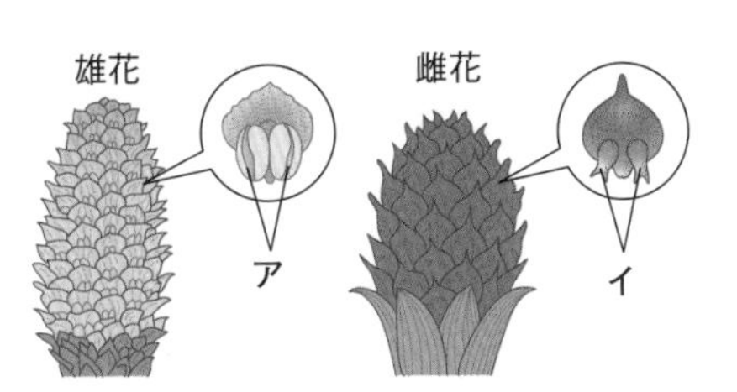

(1) 図のア，イはそれぞれ何か。名称を答えなさい。

ア〔　　　〕 イ〔　　　〕

(2) 受粉後，イは何になるか。〔　　　〕

(3) マツの花に花弁はあるか。〔　　　〕

4 アは，花粉が入っている袋だよ。

1章／生物の観察と分類　2 花のつくりとはたらき

実力完成問題

解答 別冊p.3

右の図は，アブラナの花を分解してスケッチしたものである。次の問いに答えなさい。

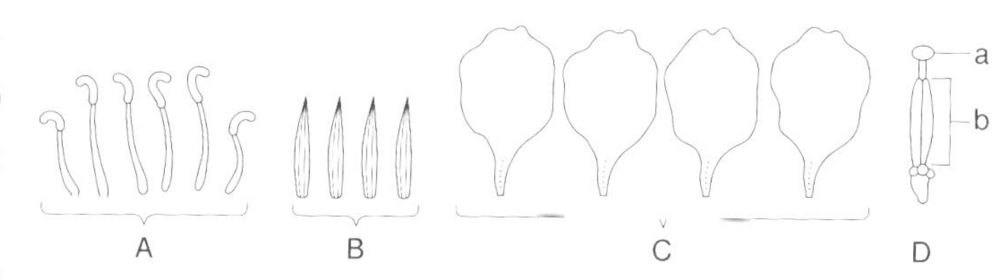

✓よくでる (1) 花の中心にあるものから外側にあるものへと，A～Dを順に並べ，記号で答えなさい。

→　→　→

(2) A～Dをそれぞれ何というか。名称(めいしょう)を答えなさい。

A　　B

C　　D

(3) Dのa，bの部分をそれぞれ何というか。名称を答えなさい。

a　　b

右の図1は，ある花のつくりを観察してスケッチしたものであり，図2は，図1のウの縦断面を拡大した模式図である。これについて，次の問いに答えなさい。

図1　図2

(1) 図1のア～エの各部分の名称を答えなさい。

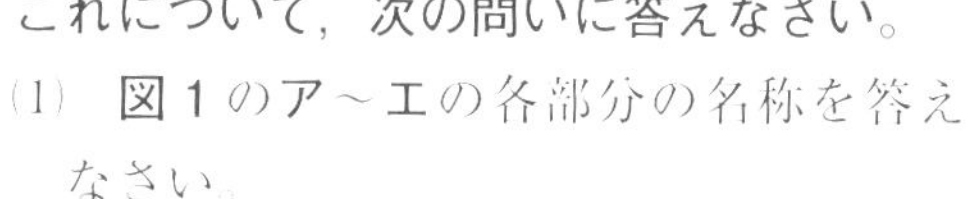

ア　　イ

ウ　　エ

(2) 子房(しぼう)は，図2のA，B，Cのうちのどの部分にあたるか。

ミス注意 (3) 図1のような花のつくりをした植物では，花粉がめしべの柱頭(ちゅうとう)につくと，図2のA，B，Cのうちのある部分が種子(しゅし)，果実(かじつ)になる。種子，果実になるのはそれぞれA～Cのどの部分か。記号で答えなさい。　種子　　果実

✓よくでる (4) 胚珠(はいしゅ)が子房の中にある種子植物を何というか。

右の図1は，種子植物の花のつくり，図2は果実の断面を示した模式図である。次の問いに答えなさい。

(1) 花粉は，図1のA～Fのどこに入っているか。正しいものを1つ選び，記号で答えなさい。

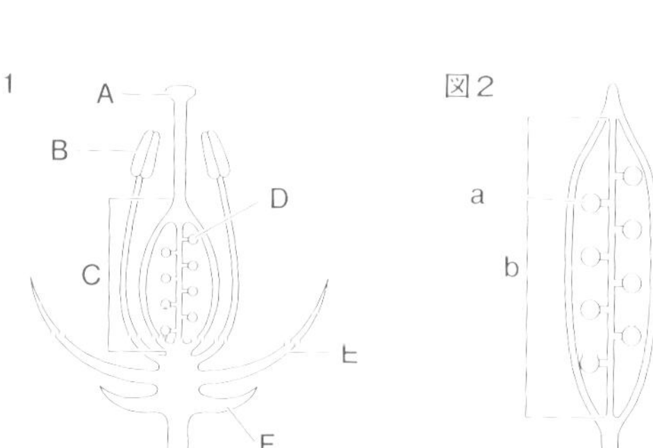

(2) 受粉するとき，花粉は**A**～**F**のどの部分につくか。正しいものを1つ選び，記号で答えなさい。 〔　　〕

(3) 受粉後，**図2**の**a**，**b**になるのは，**図1**の**A**～**F**のどの部分か。それぞれ記号で答えなさい。また，その部分の名称を答えなさい。

a 記号〔　　〕 名称〔　　〕

b 記号〔　　〕 名称〔　　〕

4 【マツの花のつくり】

右の図1は，マツの花を示している。次の問いに答えなさい。

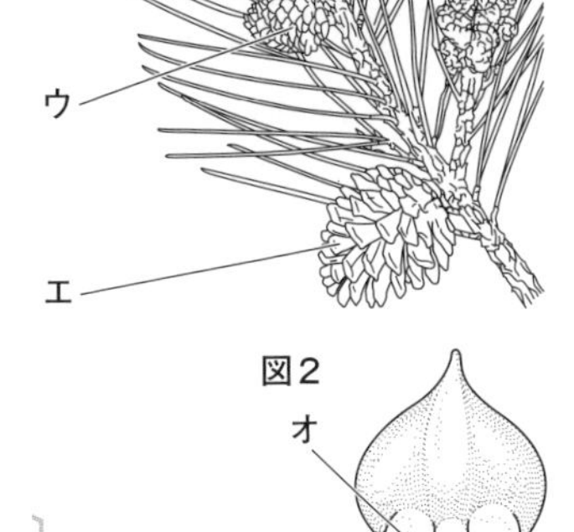

ミス注意 (1) **図1**の**ア**と**イ**は，雄花か雌花を示している。それぞれどちらかを答えなさい。

ア〔　　〕

イ〔　　〕

(2) **図1**の**ウ**と**エ**は，まつかさを示している。1年前の雌花であるまつかさはどちらか。記号で答えなさい。 〔　　〕

✓よくでる (3) 右の**図2**は，**図1**の**ア**の花のりん片を拡大して示したものである。**オ**の部分を何というか。名称を答えなさい。 〔　　〕

(4) マツのように，**オ**がむき出しになっている植物のなかまを何というか。 〔　　〕

(5) (4)の植物のなかまを次の**ア**～**オ**からすべて選び，記号で答えなさい。 〔　　〕

ア スギ　**イ** タンポポ　**ウ** イチョウ　**エ** ソテツ　**オ** ユリ

入試レベル問題に挑戦

5 【花のつくり】

花のつくりとはたらきについて述べた次のア～カの文のうち，その内容に誤りがあるものをすべて選び，記号で答えなさい。 〔　　〕

ア アブラナやエンドウの花では，外側から順に，がく，花弁，おしべ，めしべがある。

イ イネの花には花弁がなく，花粉は風によって運ばれる。

ウ ギンナンは，イチョウがつくる果実である。

エ おしべだけがあってめしべのない花や，めしべだけがあっておしべのない花をつける植物もある。

オ めしべのもとの部分は子房とよばれ，その内部では花粉がつくられている。

カ 花弁やおしべの数は，植物の種類によってふつう決まっている。

ヒント

イチョウは裸子植物のなかまであり，子房はなく胚珠がむき出しになっている。果実は子房が成長してできる。被子植物では，花粉はおしべの先のやくの中でつくられる。

定期テスト予想問題 ①

時間 50分
解答 別冊p.3

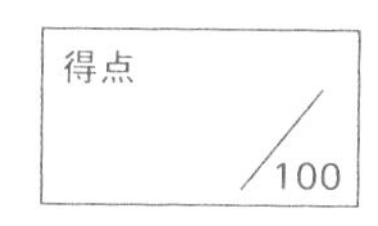

1 顕微鏡（ステージ上下式）の使い方について，次の問いに答えなさい。

思考 (1) 観察するためのプレパラートをつくるとき，カバーガラスは図のようにかぶせてつくる。このようにかぶせるのはなぜか。理由を簡潔に答えなさい。

図

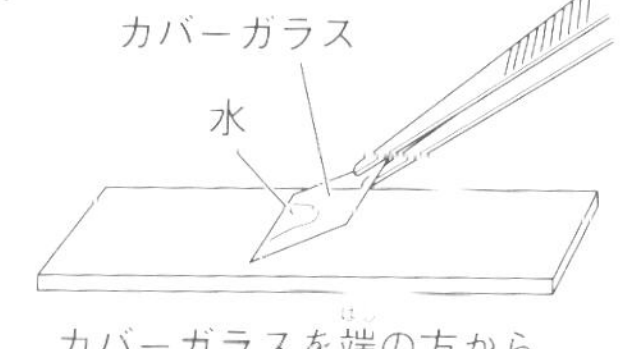

カバーガラスを端の方からゆっくりかぶせる。

(2) 次のア～エは，顕微鏡での観察手順を示したものである。ア～エの記号を正しい順に並べて示しなさい。

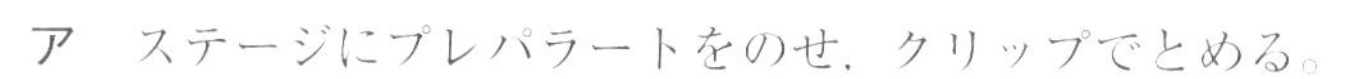

ア　ステージにプレパラートをのせ，クリップでとめる。

イ　接眼レンズをのぞきながら反射鏡を調節し，視野を一様に明るくする。

ウ　接眼レンズをのぞきながら，ステージを下げていき，ピントを合わせる。

エ　横から見ながら，ステージを対物レンズの近くまで上げる。

(3) 接眼レンズは10倍，対物レンズは40倍のものを使ったときの視野の倍率は何倍か。

(1)

(2)　→　→　→　(3)

2 タンポポの観察をした。次の問いに答えなさい。

思考 (1) タンポポが生えている場所を調べると，人がよく通る通路にも草たけの低いタンポポが見られる。このような場所に生えている理由として適切なものを次のア～エから1つ選び，記号で答えなさい。

ア　タンポポがやわらかい土で成長しやすいため。

イ　タンポポが人のふみつけに強いため。

ウ　タンポポが日当たりのよいところで成長しにくいため。

エ　タンポポがほかの植物の成長をさまたげるため。

(2) タンポポを観察するときのルーペの使い方として最も適切なものを次のア～エから1つ選び，記号で答えなさい。

ア
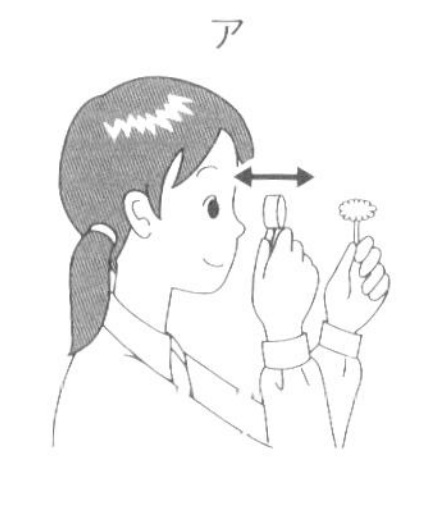

イ
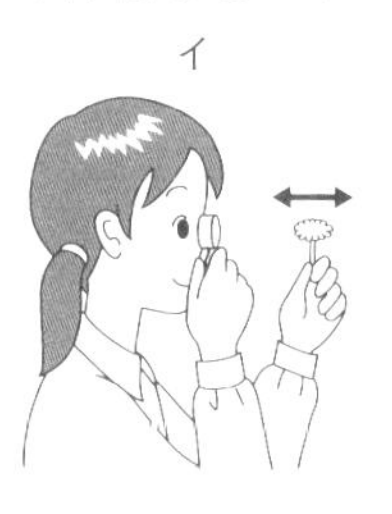

ウ
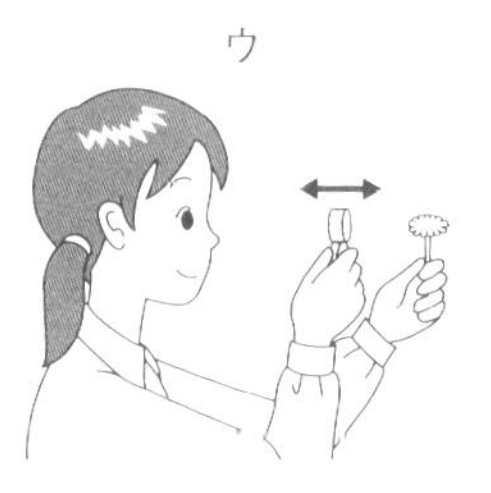

エ
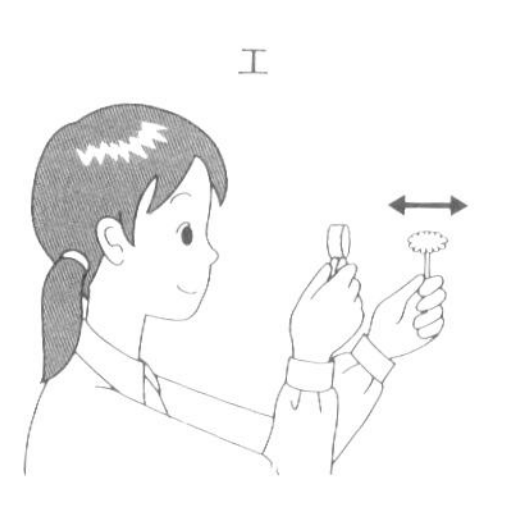

↔はその下のルーペか花を前後に動かしてピントを合わせることを意味する。

(3) 右の図は，タンポポの花の模式図である。次の部分は**ア～オ**のどこか。1つずつ選び，記号で答えなさい。

① おしべ

② めしべ

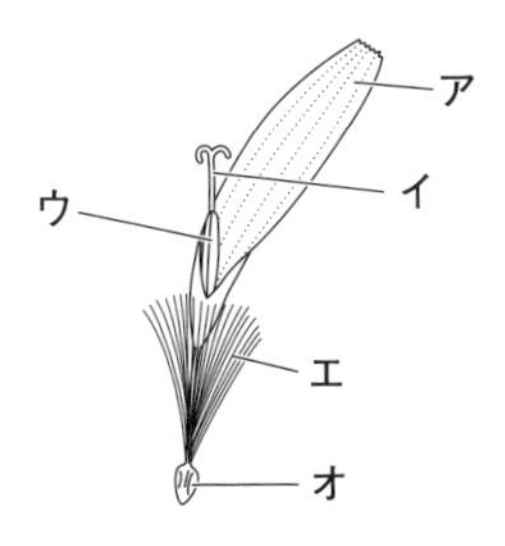

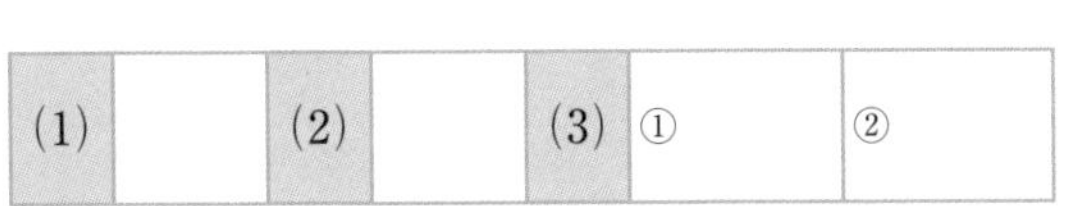

(1)		(2)		(3)	①	②

3 花のつくりを調べるため，マツの花とサクラの花を観察した。これについて，次の問いに答えなさい。

【4点×5】

(1) **図1**は，マツの雄花(おばな)と雌花(めばな)がついている枝の一部のスケッチである。**図1**の**ア～エ**で示した部分のうち，マツの雄花はどれか。1つ選び，記号で答えなさい。

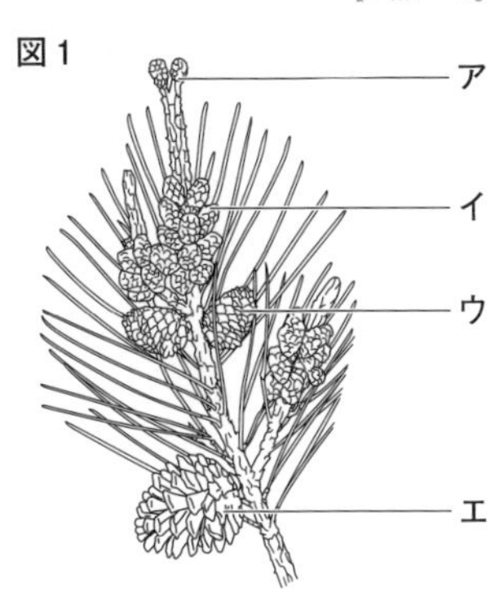

(2) **図2**は，マツの花とそのりん片(ぺん)を観察したときのスケッチであり，**図3**はサクラの花とそれを縦に切った断面を観察したときのスケッチである。

次の文は，2つの花のつくりについて，植物図鑑(ずかん)で調べたり，観察したりしてわかったことを述べようとしたものである。文中の［ a ］には**図3**の中の①～⑤から最も適切な番号を入れなさい。また，［ b ］，［ c ］には最も適切な言葉をそれぞれ答えなさい。

> **図2のP**で示した部分はマツの胚珠(はいしゅ)であり，サクラの胚珠は**図3**の［ a ］で示した部分であることがわかった。また，サクラの胚珠は［ b ］におおわれているが，マツには［ b ］がないことがわかった。このことから，マツはサクラとは異なり，［ c ］植物とよばれる植物のなかまであることがわかった。

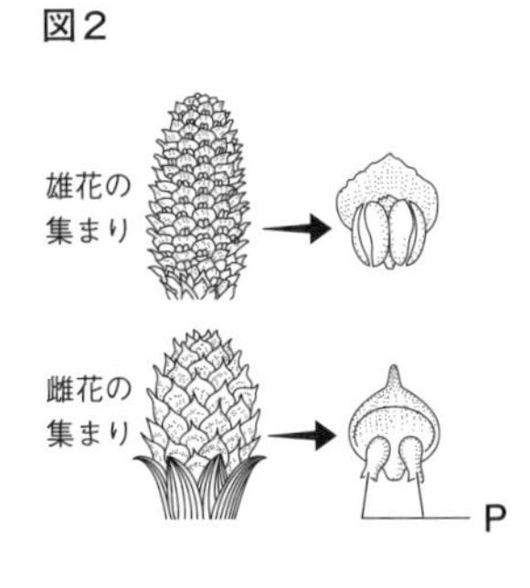

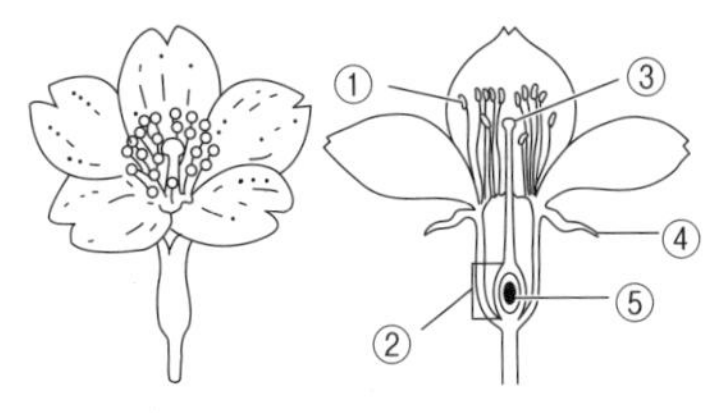

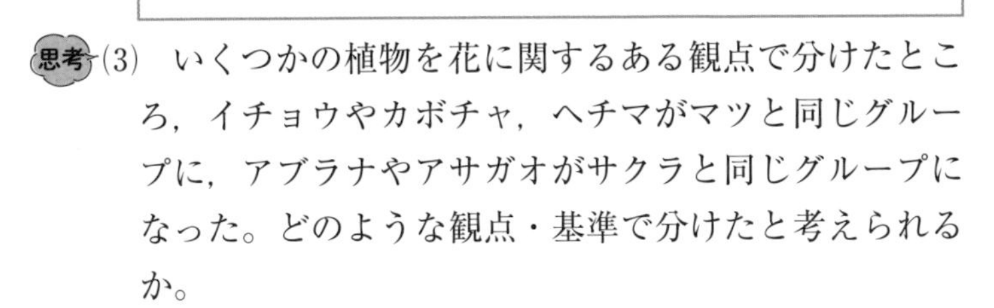
思考 (3) いくつかの植物を花に関するある観点で分けたところ，イチョウやカボチャ，ヘチマがマツと同じグループに，アブラナやアサガオがサクラと同じグループになった。どのような観点・基準で分けたと考えられるか。

(1)		(2)	a	b	c
(3)					

4

右の図は，池や川の水を採集し，その水の中で生活している小さな生物を顕微鏡で観察し，スケッチしたものである。それぞれの生物の下の数字は，顕微鏡で観察したときの倍率である。次の問いに答えなさい。

(1) 図のア～オの生物の中で，緑色をしているものはどれか。２つ選び，記号で答えなさい。

(2) 図のア～オの生物の中で，実際の大きさが最も小さいのはどれか。１つ選び，その生物名を答えなさい。

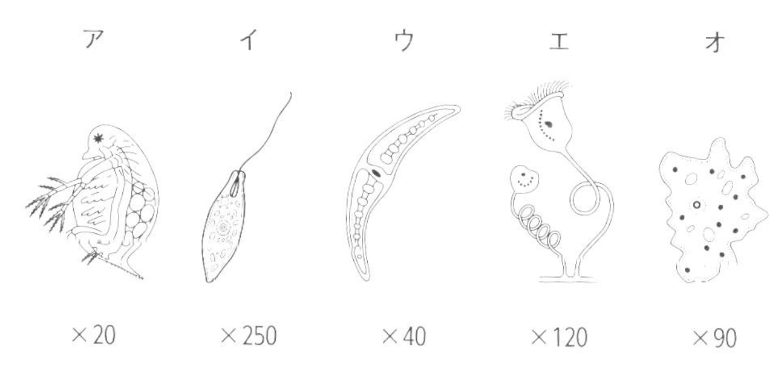

(3) 顕微鏡の倍率を低倍率から高倍率に変えると，視野の明るさはどうなるか。次のア～ウから１つ選び，記号で答えなさい。

ア　明るくなる。　　イ　暗くなる。　　ウ　変わらない。

(1)　　(2)　　(3)

5

ある種子植物Ｘの花を分解して，各部分のつくりを観察したあと，台紙の上に次の図１のように並べた。これについて，あとの問いに答えなさい。

図１

A　花弁　　B　　C　めしべ　　D　おしべ

(1) 植物Ｘにあてはまるものはどれか。次のア～エから１つ選び，記号で答えなさい。

ア　アサガオ　　イ　タンポポ　　ウ　ツツジ　　エ　アブラナ

(2) 図１のＢの部分を何というか。名前を答えなさい。

(3) 図１のＡ～Ｄを，外側についているものから内側に向かって順に記号を並べなさい。

(4) 右の図２は，分解する前の植物Ｘの花のようすを，模式的に表したものである。

① 受粉後，成長して果実になる部分はどれか。図２のア～オから１つ選び，記号で答えなさい。

② 受粉後，成長して種子になる部分はどれか。図２のア～オから１つ選び，記号で答えなさい。

図２

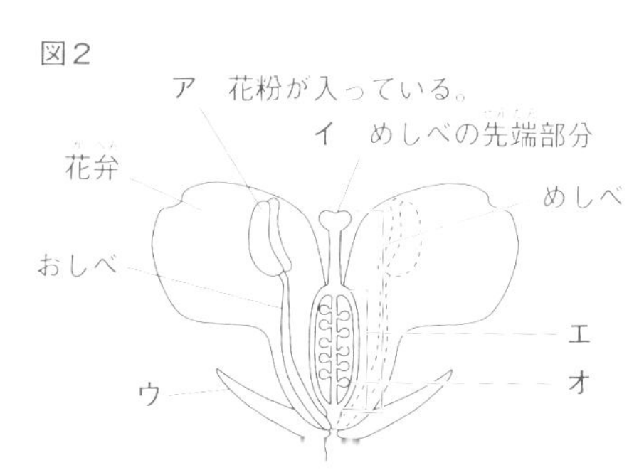

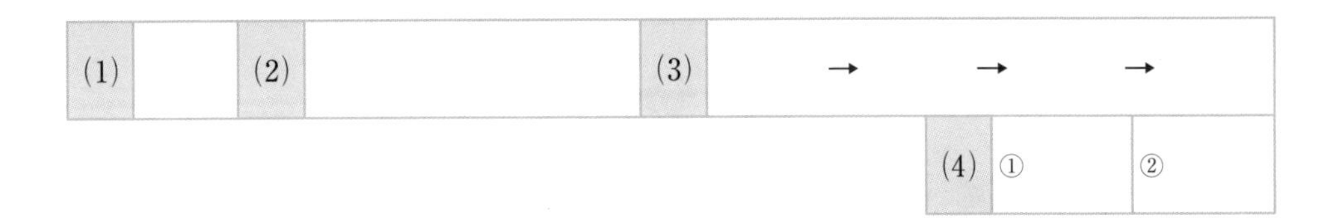

(1)		(2)		(3)	→　→　→
				(4)	① 　②

6

次の図は，身のまわりで見られる植物のうちのいくつかを模式的に表したものである。これについて，あとの問いに答えなさい。ただし，「すべて選び」とある場合でも答えが1つの場合もある。【4点×5】

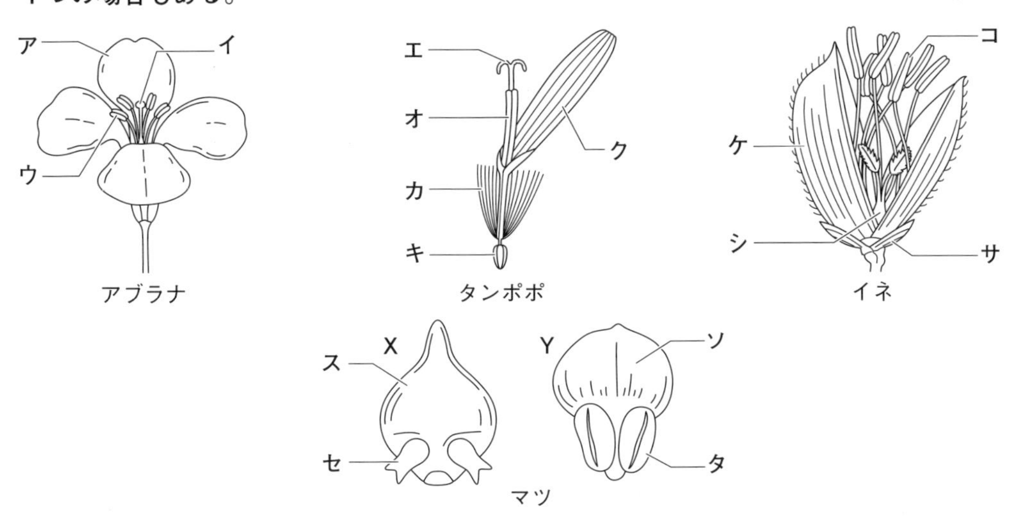

(1) 図のア～シのうち，おしべはどの部分か。あてはまるものをすべて選び，記号で答えなさい。

(2) マツの花で，(1)で答えた部分と同じはたらきをしている部分はどれか。ス～タから1つ選び，記号で答えなさい。

(3) 図のエ～タのうち，アと同じつくりの部分はどれか。すべて選び，記号で答えなさい。

(4) マツの花と同じように，雄花(おばな)と雌花(めばな)に分かれて花をつける植物はどれか。ア～エから1つ選び，記号で答えなさい。

ア エンドウ　**イ** ヘチマ　**ウ** アサガオ　**エ** サクラ

(5) 図の植物はすべて種子をつくってふえる種子植物である。種子をつくることに関して述べた次のア～エの文のうち，正しいものを1つ選び，記号で答えなさい。

ア めしべの柱頭(ちゅうとう)についた花粉は，そのまま成長して種子になる。

イ マツの花では，胚珠(はいしゅ)に直接花粉がついて種子ができる。

ウ イネの花では胚珠がむき出しになっている。

エ 花弁をもたない花では，受粉(じゅふん)がたいへん行われにくい。

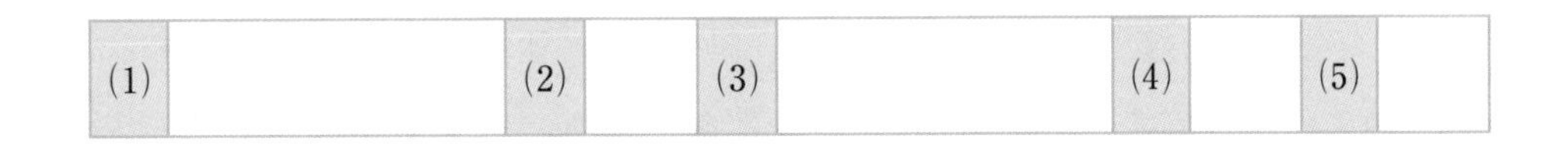

(1)		(2)		(3)		(4)		(5)	

3 植物の分類

ニューコース参考書
中1理科

攻略のコツ 単子葉類と双子葉類の特徴のちがいがよく問われる！

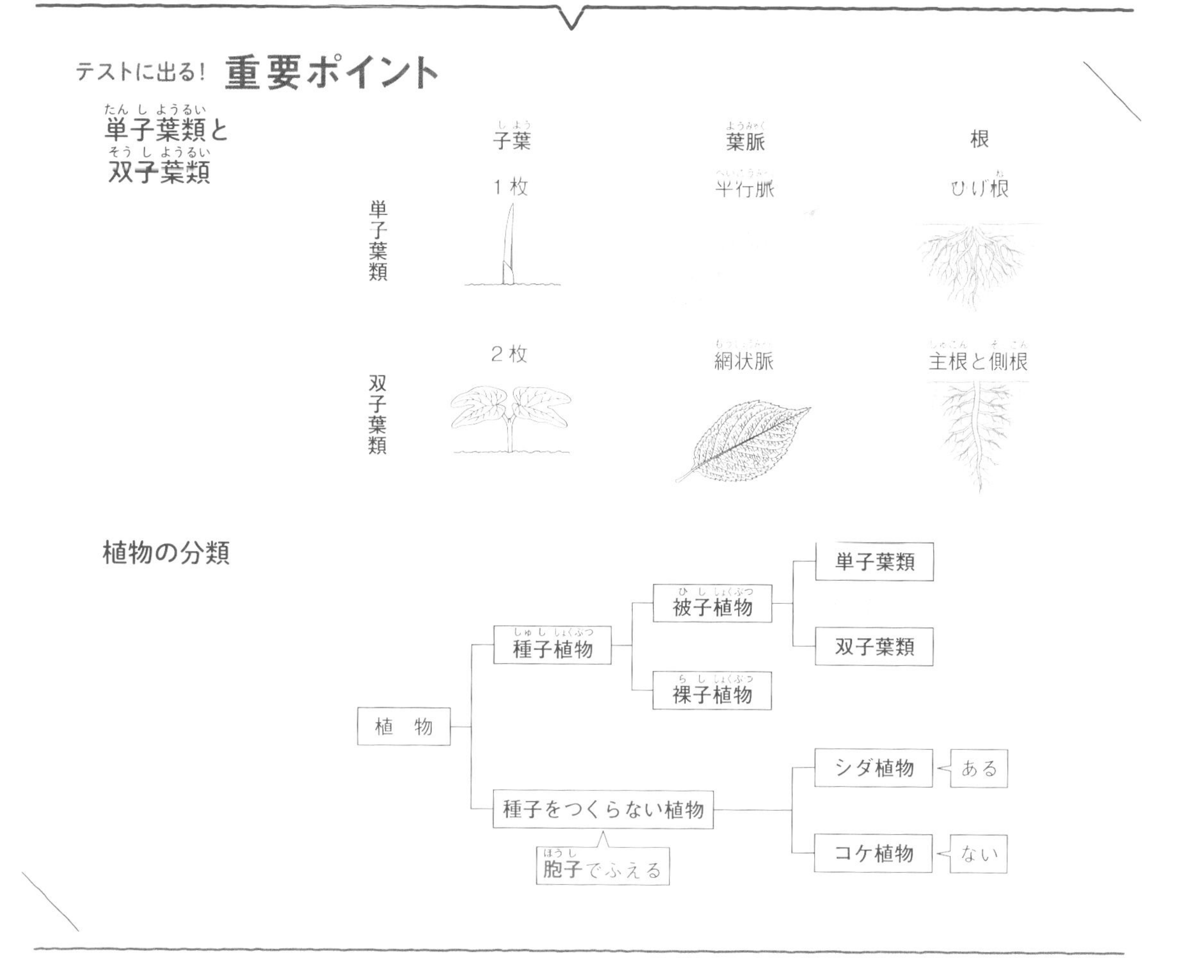

Step 1 基礎力チェック問題

解答 別冊p.4

1 次の　　　　にあてはまるものを選ぶか，あてはまる言葉を書きなさい。

(1) 種子植物は，胚珠が子房の中にある　　　　と，胚珠がむき出しの　　　　とに分かれる。

(2) 被子植物のうち，［単子葉類　双子葉類］は子葉が2枚である。

(3) 単子葉類の根は，［ひげ根　主根と側根］である。

(4) 双子葉類の葉は，葉脈が　　　　脈であり，単子葉類の葉は，葉脈が　　　　脈となっている。

(5) 種子をつくらない植物は，　　　　でふえる。

(6) 根・茎・葉の区別があるのは［シダ植物　コケ植物］である。

得点アップアドバイス

1

テストで注意 シダ植物とコケ植物

シダ植物は根から水を吸収するが，コケ植物はからだの表面全体で吸収する。

2 【単子葉類と双子葉類】

下の図は，ツユクサとホウセンカの根と葉脈を模式的に表したものである。これを見て，次の問いに答えなさい。

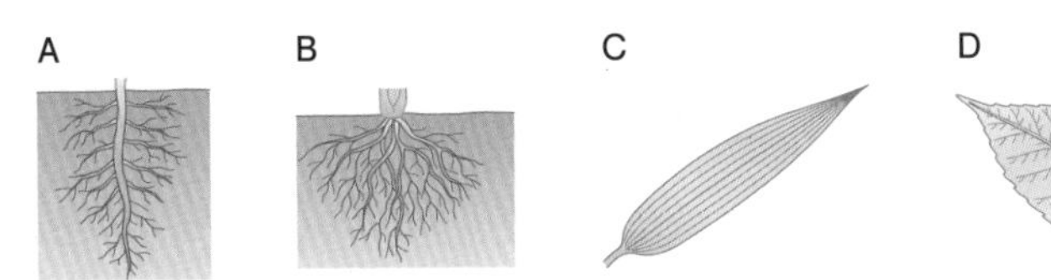

(1) ホウセンカの根はA，Bのどちらか。記号で答えなさい。〔　　　　〕

(2) ツユクサとホウセンカのどちらの根の先端近くにも，細い毛のようなものがたくさん生えているのが見られた。これを何というか。

〔　　　　〕

(3) ツユクサの葉脈はC，Dのどちらか。記号で答えなさい。〔　　　　〕

(4) ツユクサとホウセンカのうち，単子葉類はどちらか。〔　　　　〕

得点アップアドバイス

2

単子葉類は，根はひげ根，葉脈は平行脈である。

双子葉類は，根は主根と側根，葉脈は網状脈（もうじょうみゃく）である。

3 【種子をつくらない植物】

シダ植物とコケ植物にあてはまる特徴（とくちょう）を，次のア～クからそれぞれすべて選び，記号で答えなさい。

シダ植物〔　　　　〕　コケ植物〔　　　　〕

ア　花を咲かせ，種子をつくる。

イ　水をからだの表面全体で吸収する。

ウ　根・茎・葉の区別がない。　エ　根・茎・葉の区別がある。

オ　しめった場所を好む。　カ　乾燥（かんそう）した場所を好む。

キ　種子でふえる。　ク　胞子でふえる。

3

シダ植物とコケ植物は，水のとり入れ方が異なっているよ。

4 【植物の特徴】

下の図のA～Eの植物について，次の(1)～(4)の特徴をもつものをそれぞれすべて選び，記号で答えなさい。

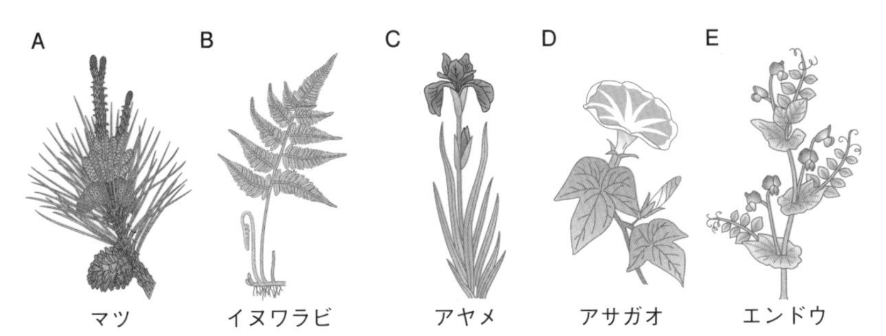

(1) 胚珠が子房の中にある花をさかせる。〔　　　　〕

(2) 種子をつくってなかまをふやす。〔　　　　〕

(3) 根はひげ根で，葉脈は平行になっている。〔　　　　〕

(4) 子葉が２枚で，根は主根と側根からなる。〔　　　　〕

4

(1)は被子植物，(2)は種子植物，(3)は単子葉類，(4)は双子葉類の特徴をそれぞれ表している。

実力完成問題

解答 別冊p.4

右の図は，ある植物の根のつくりを模式的に表したものである。次の問いに答えなさい。

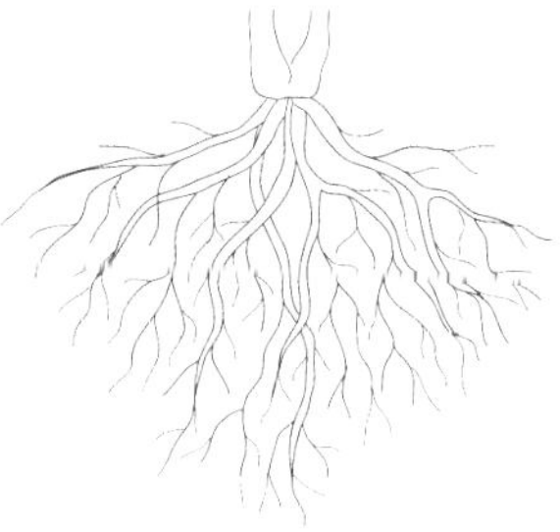

✓よくでる (1) 図のような根のつくりを何とよぶか。名称を答えなさい。

(2) 図のような根をもつ植物にあてはまるのはどれか。次のア～エから1つ選び，記号で答えなさい。

ア トウモロコシ　　イ アサガオ

ウ アブラナ　　エ エンドウ

(3) 右の図のア～エのうち，この植物の葉として適切なものはどれか。1つ選び，記号で答えなさい。

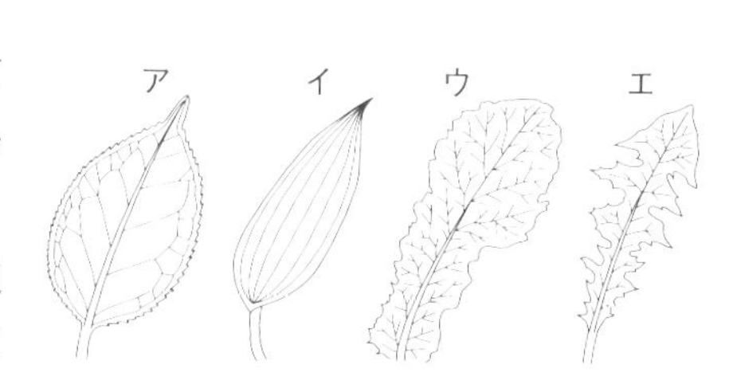

(4) 図の植物と同じ特徴をもつなかまについて述べた次の文の ① ， ② にあてはまる適切な言葉を入れなさい。

図の植物は， ① 植物のうちの ② 類のなかまである。

①　　②

さまざまな植物を下の図のようになかま分けした。あとの問いに答えなさい。

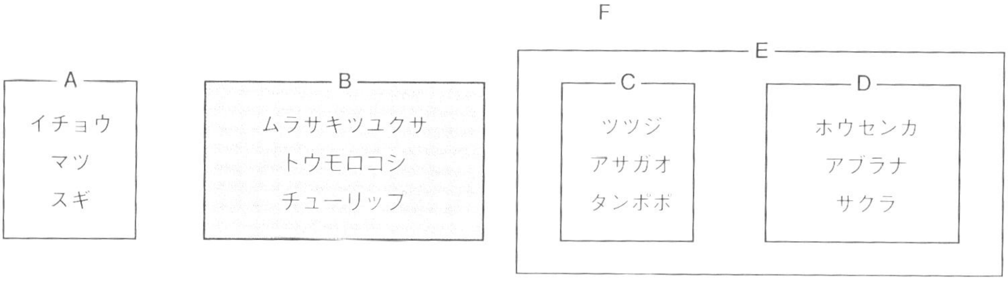

F

A	B	C	D
イチョウ	ムラサキツユクサ	ツツジ	ホウセンカ
マツ	トウモロコシ	アサガオ	アブラナ
スギ	チューリップ	タンポポ	サクラ

（E は C と D を囲むグループ）

(1) 4種類の植物に共通する特徴は何か。次のア～エから1つ選び，記号で答えなさい。

ア 胚珠が子房の中にある。　　イ 花がさかない。

ウ 水中で生活している。　　エ 種子でふえる。

✓よくでる (2) A～Fのグループのうち，葉脈のようすが右の図のような特徴をもつグループはどれか。1つ選び，記号で答えなさい。また，そのグループの名称を答えなさい。

記号　　名称

(3) 次のア～エの植物のうち，Bのグループに属するのはどれか。1つ選び，記号で答えなさい。〔　　〕

ア　スズメノカタビラ　　イ　ソテツ　　ウ　ヒマワリ　　エ　アジサイ

3 【シダ植物】

図1，図2は，イヌワラビを表している。次の問いに答えなさい。

図1　図2

A　B　C　D　E

よくでる (1) 図1のA，Bの名称をそれぞれ答えなさい。

A〔　　　　〕 B〔　　　　〕

(2) Aはイヌワラビのからだのどこにあるか。次のア～エから1つ選び，記号で答えなさい。〔　　〕

ア　葉の表　　イ　葉の裏

ウ　茎　　エ　根

ミス注意 (3) イヌワラビの茎はどの部分か。図2のC～Eから1つ選び，記号で答えなさい。〔　　〕

4 【コケ植物】

右の図は，ゼニゴケの雄株と雌株を表している。次の問いに答えなさい。

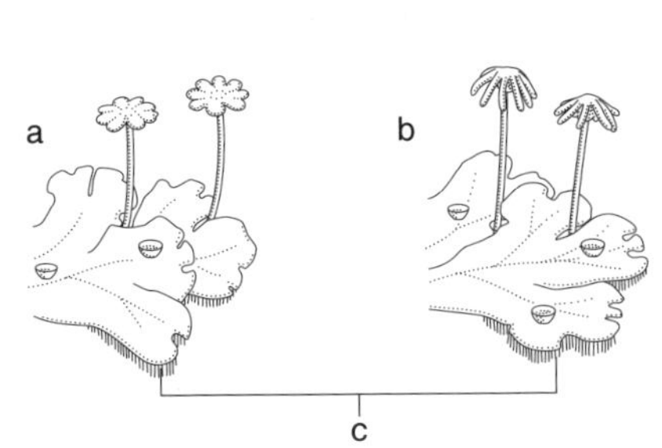

よくでる (1) ゼニゴケは，何をつくってふえるか。

〔　　　　〕

(2) (1)は，a，bのどちらでつくられるか。

〔　　〕

ミス注意 (3) ゼニゴケなどのコケ植物はどこから水をとり入れているか。

〔　　　　〕

(4) 図のcは何か。その名称とはたらきを書きなさい。

名称〔　　　　〕 はたらき〔　　　　〕

入試レベル問題に挑戦

思考 5 【植物のつくり】

右の図は，観察したタマネギを表したものである。タマネギは，単子葉類と双子葉類のどちらか。また，そう答えた理由を図に表されているからだのつくりの特徴から書きなさい。

〔　　　　〕

理由〔　　　　〕

ヒント

子葉の数，根のつくり，葉脈のようすのうち，図からわかることを考えてみよう。

4　動物の分類

攻略のコツ　脊椎動物の５つのなかまがよく問われる！

テストに出る！ 重要ポイント

動物の分類

❶ **脊椎動物**…背骨をもつ動物
⇨哺乳類，鳥類，は虫類，両生類，魚類

❷ **無脊椎動物**…背骨をもたない動物
⇨節足動物（昆虫類や甲殻類），軟体動物など

脊椎動物の分類

	魚　類	両生類	は虫類	鳥　類	哺乳類
呼　吸	えら	幼生(子)はえらと皮膚，成体(親)は肺と皮膚	肺	肺	肺
生まれ方	卵生	卵生	卵生	卵生	胎生
生まれる場所	水中	水中	陸上	陸上	陸上
体　表	うろこ	しめった皮膚	うろこやこうら	羽毛	毛
動物の例	サメ，コイ	イモリ，サンショウウオ	ヤモリ，カメ，トカゲ	ペンギン，ニワトリ	クジラ，コウモリ，ネコ

食べ物によるからだのつくりのちがい

❶ **草食動物**…目が横向きにつく。**門歯**と**臼歯**が発達。
❷ **肉食動物**…目が前向きにつく。**犬歯**が発達。

Step 1　基礎力チェック問題

解答 別冊p.4

1　次の　　　　　にあてはまるものを選ぶか，あてはまる言葉を書きなさい。

(1)　背骨をもつ動物を　　　　　，背骨をもたない動物は　　　　　という。

(2)　哺乳類のように，子を体内である程度育ててから産む産み方を　　　　　という。

(3)　水中で卵を産む動物は　　　　　類と　　　　　類である。

(4)　一生，肺で呼吸する動物は哺乳類と　　　　　類と　　　　　類である。

(5)　魚類のからだは　　　　　でおおわれている。

(6)　両生類のカエルは，幼生（子）は　　　　　と皮膚で，成体（親）は　　　　　と皮膚で呼吸をする。

得点アップアドバイス

1
(1)　哺乳類，鳥類，は虫類，両生類，魚類は背骨をもっている。

☑ (7) 哺乳類のうち，目が前向きについているのは〔草食動物　肉食動物〕である。

☑ (8) 肉食動物は〔門歯と臼歯　犬歯〕が発達している。

☑ (9) 無脊椎動物のうち，からだの外側がかたい殻(から)でおおわれ，からだやあしに節(ふし)があるなかまを〔　　　　〕，イカやアサリなどの内臓が外とう膜で包まれているなかまを〔　　　　〕という。

得点アップアドバイス

2 【動物の分類】

次の７種類の動物を(1)～(5)の観点にしたがって分類をしたい。それぞれ，ア～カのどの境界線で分けるのがよいか。記号で答えなさい。

アゲハ ｜ア｜ クワガタ ｜イ｜ コイ ｜ウ｜ サンショウウオ ｜エ｜ ヘビ ｜オ｜ ツバメ ｜カ｜ タヌキ

☑ (1) 背骨があるか，背骨がないか。〔　　　〕

☑ (2) 卵を産んでなかまをふやすかどうか。〔　　　〕

☑ (3) 親が子の世話をして育てるかどうか。〔　　　〕

☑ (4) 一生肺で呼吸をするかどうか。〔　　　〕

☑ (5) 毛や羽毛をもつかどうか。〔　　　〕

2

(1) 昆虫に背骨はない。

(4) サンショウウオは両生類と，は虫類のどちらだったか。

3 【脊椎動物の特徴】

次にあげたア～カの６種類の動物に関して，あとの問いに記号で答えなさい。

ア ヤモリ　**イ** カメ　**ウ** イヌ

エ ニワトリ　**オ** メダカ　**カ** カエル

☑ (1) 肺で呼吸し，体表が羽毛でおおわれているものはどれか。〔　　　〕

☑ (2) 肺で呼吸し，体表がかたいこうらでおおわれているものはどれか。〔　　　〕

☑ (3) 成体（親）と幼生（子）で呼吸のしかたが異なるものはどれか。〔　　　〕

☑ (4) 一生水中で生活し，えらで呼吸をするものはどれか。〔　　　〕

☑ (5) 水中に殻のない卵を産むものはどれか。すべて選びなさい。〔　　　〕

☑ (6) ア～カの６種類の動物を，魚類，両生類，は虫類，鳥類，哺乳類の５つに分類して，記号で答えなさい。

魚類〔　　　〕　両生類〔　　　〕　は虫類〔　　　〕

鳥類〔　　　〕　哺乳類〔　　　〕

3

ヤモリは両生類か，は虫類かまちがいやすいので気をつけよう。

(6) ア～カの中で，は虫類は２ついる。

1章／生物の観察と分類　4 動物の分類

実力完成問題

解答 別冊p.5

ネコ，ツバメ，ワニ，カエル，サンマ，イカを，①～⑤の観点・基準で分類したところ，右の図のようになった。①～⑤はどのような観点・基準か。次のア～カからそれぞれ選び，記号で答えなさい。

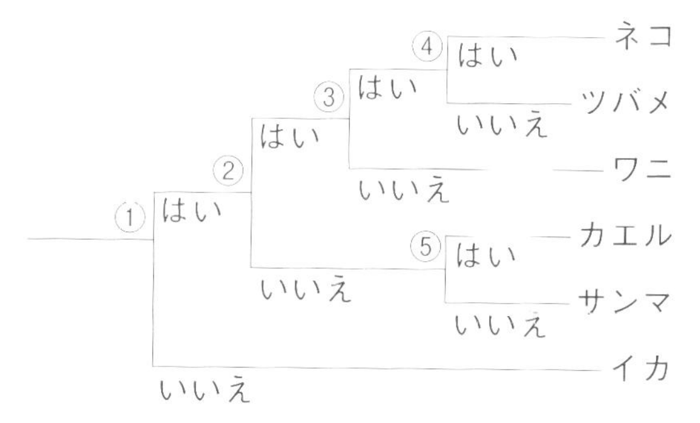

①　　②
③　　④
⑤

ア　胎生(たいせい)か。　　イ　背骨があるか。
ウ　肺で呼吸をする時期があるか。　　エ　羽毛や毛はあるか。
オ　一生肺で呼吸をするか。　　カ　卵の殻(らん から)があるか。

右の図は，イヌとヘビの体温と気温の関係を示したものである。次の問いに答えなさい。

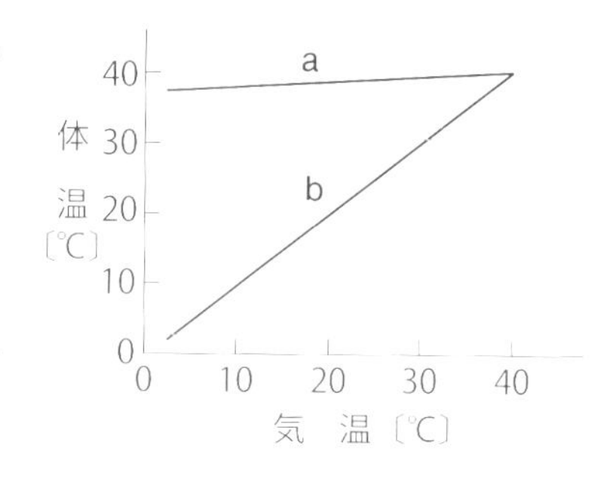

(1)　イヌの体温のグラフは，a，bのどちらか。

思考 (2)　冬には，ヘビのような動物はほとんど見かけない。これはなぜか。体温と運動の関係をもとにして，簡単に説明しなさい。

(3)　aには保温性のある羽毛や毛をもつ動物があてはまる。次のア～クの動物のうちaにあてはまるものをすべて，記号で答えなさい。

ア　カメ　　イ　メダカ　　ウ　トカゲ　　エ　スズメ
オ　イモリ　　カ　ラッコ　　キ　カエル　　ク　ネズミ

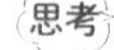
思考

下の表は，いろいろな動物が1回に産む卵や子の数を表したものである。この表を参考にして，あとの問いに答えなさい。

動　物	魚　類(ぎょるい)	両生類(りょうせいるい)	は虫類(ちゅうるい)	鳥　類(ちょうるい)	哺乳類(ほにゅうるい)
	マイワシ	トノサマガエル	カメ	ウグイス	ヒグマ
卵・子の数	5万～8万	1800～3000	130～150	4～6	2

(1)　魚類の産卵数は，ほかの動物と比べて非常に多くなっている。その理由を簡潔に書きなさい。

(2) ヒグマは，一度に産む子の数が少ないにもかかわらず，絶滅しないのはなぜか。その理由を簡単に書きなさい。

〔　　　　　　　　　　　　　　　　　　　　　　　　〕

4 【動物のからだの特徴】

右の表は，背骨のある10種類の動物をA～Eの5つのグループに分けたものである。次の問いに答えなさい。

グループ	動物名
A	ヘビ，カメ
B	ハト，ワシ
C	カエル，イモリ
D	イヌ，ネコ
E	イワシ，タイ

(1) 背骨のある動物をまとめて何動物というか。その名称を書きなさい。〔　　　　　　〕

ミス注意 (2) A～Eのグループのうち，一生，肺で呼吸をして生活するものをすべて選び，記号で答えなさい。〔　　　　　　　　〕

(3) 次の文は，Cグループのカエルの呼吸のしかたについて述べたものである。〔　　〕に適切な言葉を入れて文を完成させなさい。

> カエルは，おたまじゃくしのときは〔①　　　　　　　〕と皮膚で呼吸するが，成長して陸上の生活に移ると，〔②　　　　　　　〕と皮膚で呼吸するようになる。

(4) トカゲを表のグループ分けにしたがって分類すると，どのグループに入るか。また，分類の名称も答えなさい。　グループ〔　　　〕分類の名称〔　　　　　　〕

5 【無脊椎動物】

無脊椎動物について，次の問いに答えなさい。

(1) アサリやイカは，内臓がある膜で包まれている。その膜の名称を書きなさい。

〔　　　　　　　　〕

(2) アサリやイカは，どこで呼吸を行うか。〔　　　　　　　　〕

(3) バッタやチョウは，からだがかたい殻でおおわれている。その殻の名称を書きなさい。

〔　　　　　　　　〕

(4) バッタやチョウは，どこから空気をとり入れ，呼吸を行うか。〔　　　　　　　　〕

入試レベル問題に挑戦

6 【動物の目のつき方】

右の写真のように，草食動物のウマと肉食動物のキツネでは，目のつき方が異なっている。それぞれの目のつき方の利点はどのような点にあるか。簡単に説明しなさい。

ウマ

キツネ

ウマ〔　　　　　　　　　　　　　　　　　　　　　〕

キツネ〔　　　　　　　　　　　　　　　　　　　　〕

ヒント

ウマは敵から身を守る必要があり，キツネはほかの動物をとらえる必要がある。

定期テスト予想問題 ②

得点 /100

1 種子植物のつくりと特徴を調べるため，次のような観察を行った。この観察について，あとの問いに答えなさい。

観察 エンドウとイネについて，発芽のときの子葉，葉，根のようすを観察した。

結果 観察の結果を，次の表にまとめた。

	エンドウ	イネ
子葉の数	2 枚	1 枚
葉脈の形	①	②
根のようす	主根・側根	③

(1) 表中の①～③にあてはまる言葉をそれぞれ答えなさい。

(2) エンドウもイネも，胚珠が子房の中にある植物である。このような植物をまとめて何というか。

(3) (2)で答えたなかまの植物は，子葉の数によってさらに2つのグループに分けられる。エンドウのように子葉が2枚のなかまを何類というか。また，イネのように子葉が1枚のなかまを何類というか。

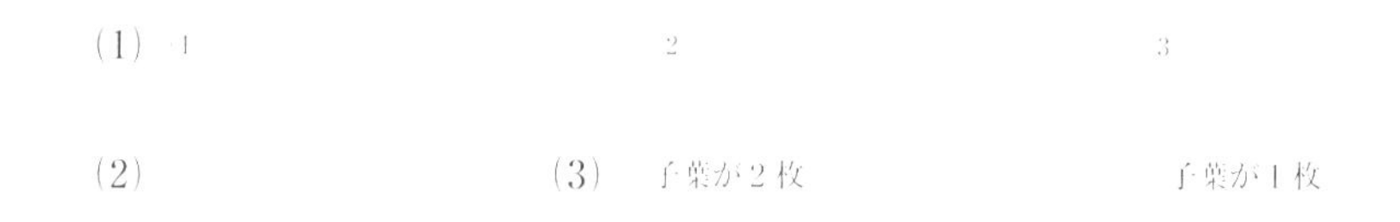

2 学校や学校の近くの場所で，いろいろな生物の観察を行った。これについて，次の問いに答えなさい。

(1) 学校の校内で，タンポポとゼニゴケが見られた。タンポポとゼニゴケは，それぞれどのような場所で多く見られたか。次の**ア**～**エ**から1つ選び，記号で答えなさい。

ア タンポポもゼニゴケも，校舎の南側の日当たりのよい場所

イ タンポポは校舎の南側の日当たりのよい場所，ゼニゴケは北側のしめった場所

ウ ゼニゴケは校舎の南側の日当たりのよい場所，タンポポは北側のしめった場所

エ タンポポもゼニゴケも，校舎の北側のしめった場所

(2) タンポポは，何という植物のなかまに属するか。次の**ア**～**エ**から1つ選び，記号で答えなさい。

ア 被子植物の中の双子葉類　　**イ** 被子植物の中の単子葉類

ウ 裸子植物の中の双子葉類　　**エ** 裸子植物の中の単子葉類

(3) ゼニゴケは，コケ植物のなかまに属する。コケ植物のからだのつくりについて述べた次の文のうち，正しいものを1つ選び，記号で答えなさい。

ア　コケ植物はひげ根をもち，その根から水分を吸収している。
イ　コケ植物はひげ根をもつが，水分はからだの表面全体で吸収している。
ウ　コケ植物は仮根をもち，その根から水分を吸収している。
エ　コケ植物は仮根をもつが，水分はからだの表面全体で吸収している。

(4) 次の文中の（　①　），（　②　）にあてはまる言葉の正しい組み合わせを，あとのア～エから1つ選び，記号で答えなさい。

学校の近くの花だんで，ヒメジョオンが見られた。ヒメジョオンの葉を観察したところ，葉脈は（　①　）だった。また，根を観察したところ，（　②　）が観察された。これらのことから，ヒメジョオンはタンポポと同じなかまの植物であることがわかった。

ア（　①　）…網状脈　（　②　）…主根・側根
イ（　①　）…網状脈　（　②　）…ひげ根
ウ（　①　）…平行脈　（　②　）…主根・側根
エ（　①　）…平行脈　（　②　）…ひげ根

(5) タンポポやヒメジョオンなどは，種子をつくってふえる種子植物である。一方，ゼニゴケなどのコケ植物や，イヌワラビなどのシダ植物は，種子をつくらず□をつくってふえる。□にあてはまる言葉を答えなさい。

(6) 学校の近くの林では，モンシロチョウやアゲハ，オニグモが観察された。これらの動物は，体内に骨格をもたず，からだはかたい殻で包まれ，からだやあしにはいくつかの節が見られた。このような動物のなかまは何動物とよばれるか。

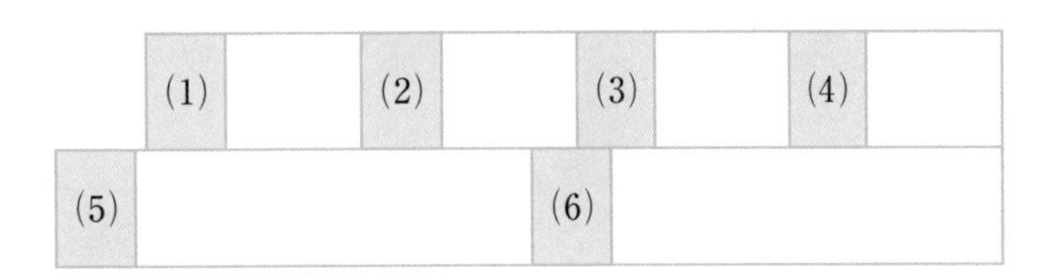

(1)		(2)		(3)		(4)	
(5)				(6)			

3 右の図のように，5種類の植物を分類した。次の問いに答えなさい。

【3点×6】

(1) 図の①～④の分類の観点・基準はそれぞれ何か。次のア～オから1つずつ選び，記号で答えなさい。

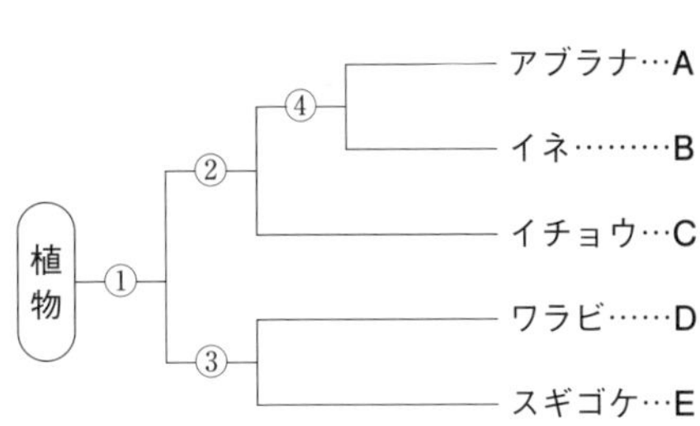

ア　子葉が1枚か，2枚か。
イ　花弁が1枚ずつ離れているか，花弁のもとがくっついているか。
ウ　種子をつくるか，つくらないか。
エ　根・茎・葉の区別があるか，ないか。
オ　胚珠が子房の中にあるか，むき出しか。

(2) イチョウをふくむ，Cのグループに属する植物を何というか。

(3) ヒマワリは図のA～Eのどのなかまか。1つ選び，記号で答えなさい。

(1)	①	②	③	④	(2)		(3)	

4 私たち人間（ヒト）は，哺乳類とよばれるなかまに属する動物である。次の図は，鳥類，哺乳類，は虫類，魚類の動物の骨格を，模式的に表している。これについて，あとの問いに答えなさい。

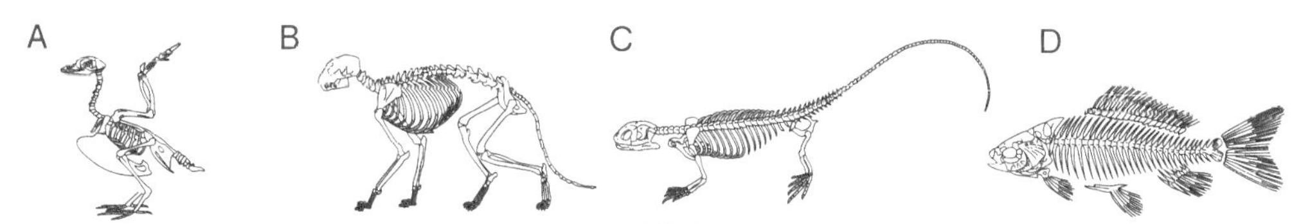

(1) A～Dの動物のなかまに共通している特徴はどれか。次のア～エから1つ選び，記号で答えなさい。

ア　卵で生まれる。　　イ　体表が毛でおおわれている。
ウ　背骨がある。　　エ　一生を通して肺で呼吸する。

(2) Aと同じなかまに属さないのはどれか。次のア～エから1つ選び，記号で答えなさい。

ア　コウモリ　　イ　ペンギン　　ウ　ハト　　エ　ニワトリ

(3) 体表がうろこでおおわれているなかまはどれか。図のA～Dからあてはまるものをすべて選び，記号で答えなさい。

(4) 産卵（子）数が最も多いのはどれか。図のA～Dから1つ選び，記号で答えなさい。

(5) 親がしばらくの間，子の世話をする動物のなかまはどれか。図のA～Dからあてはまるものをすべて選び，記号で答えなさい。

(6) 図のA～Dのどのなかまにも属さない動物はどれか。次のア～エから1つ選び，記号で答えなさい。

ア　カエル　　イ　ヤモリ　　ウ　カメ　　エ　イルカ

(1)　(2)　(3)　(4)

(5)　(6)

5 アブラナ，サクラ，スギ，ツユクサ，トウモロコシ，マツ，イヌワラビの7種類の植物を，いくつかの特徴に着目してなかま分けした。次の問いに答えなさい。

(1) 図1のように，7種類の植物はなかまのふやし方で，イヌワラビのなかまAと，それ以外の6種類のなかまXとに分けられる。なかまAとなかまXは，それぞれ何をつくってなかまをふやすか。

図1

A（イヌワラビ）
X（アブラナ，サクラ，スギ，ツユクサ，トウモロコシ，マツ）

(2) 図2のように，なかまXをある特徴に着目してなかま分けすると，スギ，マツのなかまBと，それ以外のなかまYとに分けることができる。なかまYだけに共通する特徴は，次のア～エのうちのどれか。1つ選び，記号で答えなさい。

ア　子葉が2枚である。　　イ　花をさかせる。
ウ　根・茎・葉の区別がある。　　エ　受粉後成長して果実になる部分をもつ。

(3) **図2**の**Y**に分類される植物を何というか。名称を答えなさい。

(4) **図3**のように，**図2**のなかま**Y**は，さらにアブラナ，サクラのなかま**C**と，ツユクサ，トウモロコシのなかま**D**とに分けることができる。なかま**C**だけに共通する特徴を，根のつくりに着目して簡潔に答えなさい。

図2
B（スギ，マツ）
Y（アブラナ，サクラ，ツユクサ，トウモロコシ）

図3
C（アブラナ，サクラ）
D（ツユクサ，トウモロコシ）

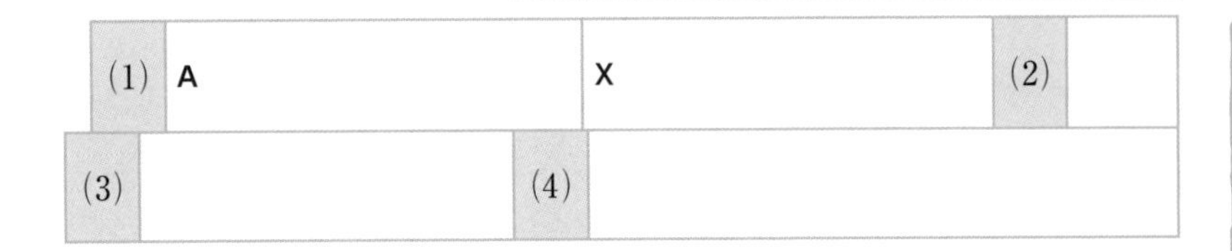

6

脊椎動物に比べて，無脊椎動物ははるかに種類が多く，からだのつくりも多種多様である。次のA～Nの無脊椎動物について，あとの問いに答えなさい。 【2点×6】

A	バッタ	B	クモ	C	タコ	D	ムカデ
E	ザリガニ	F	エビ	G	モンシロチョウ		
H	イカ	I	アサリ	J	ミツバチ	K	ヤスデ
L	トンボ	M	カニ	N	マイマイ（カタツムリ）		

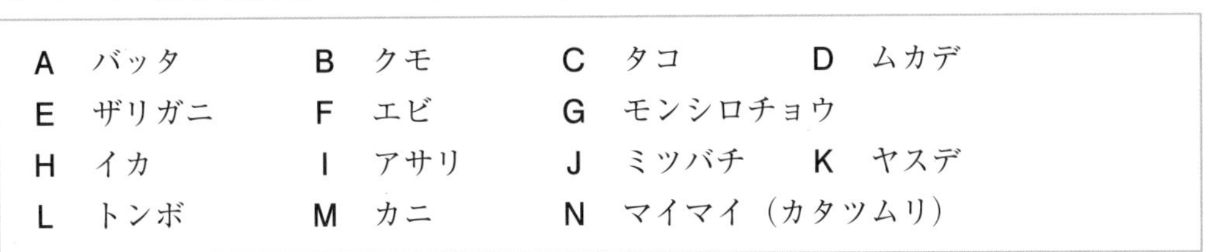

(1) 無脊椎動物に関する次の文中の，[あ]，[い]にあてはまる言葉を答えなさい。

バッタやザリガニ，クモ，ムカデなどは，からだがかたい殻に包まれ，からだやあしに多くの節がある。これらの動物のなかまを[あ]動物という。また，イカやタコなどはかたい殻をもたず，内臓はじょうぶな膜で包まれている。これらの動物のなかまは[い]動物とよばれる。

(2) (1)の[あ]動物のからだをおおうかたい殻を何というか。

(3) [い]動物の内臓を包むじょうぶな膜を何というか。

(4) **A**～**N**の動物について，次の①，②の問いに答えなさい。

① **A**～**N**のうち，昆虫類に属するものをすべて選び，記号で答えなさい。

② 昆虫類について述べた次の**ア**～**エ**の文のうち，正しいものはどれか。1つ選び，記号で答えなさい。

ア からだは頭胸部と腹部の2つに分かれている。

イ あしは3対（6本）ついている。

ウ すべて陸上で生活する。

エ 胴部の各節ごとに1対のあしがある。

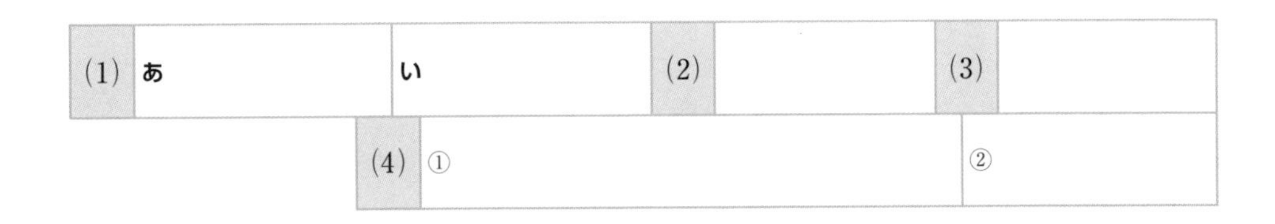

1 物質の区別

ニューコース参考書 中1理科

攻略のコツ 有機物を燃やしたときに発生する物質や金属の性質がよく問われる！

テストに出る！ 重要ポイント

物質と物体

❶ **物質**…ものをつくっている材料に注目した表現。
❷ **物体**…ものの形や大きさに注目した表現。

有機物と無機物

❶ **有機物**…炭素をふくむ物質。加熱すると燃えて炭になり，**二酸化炭素**や水ができる（水を発生しないものもある）。
例 砂糖，デンプン，プラスチックなど
❷ **無機物**…有機物以外の物質。例 食塩，鉄，ガラスなど

金属の性質

❶ 特有の光沢（**金属光沢**）がある。
❷ 電気や熱をよく通す（**電気伝導性・熱伝導性**）。
❸ たたいたり引っ張ったりするとよくのびる（**展性・延性**）。
（磁石につく性質は，金属に共通の性質ではない。）

ガスバーナーの火のつけ方

上下のねじが閉まっていることを確かめる→**元栓**を開く→マッチに火をつける→ガス調節ねじを開く→空気調節ねじを開く。

Step 1 基礎力チェック問題

解答 別冊p.7

1 次の　　　にあてはまるものを選ぶか，あてはまる言葉を書きなさい。

(1) 砂糖をスプーンにとり，加熱すると［黒くこげる　変化しない］。
(2) 砂糖を加熱すると，石灰水を白くにごらせる［　　　　］ができる。
(3) 砂糖のように，炭素をふくむ物質を［　　　　］という。
(4) 食塩のように，加熱しても砂糖のような変化が起きず，炭素をふくまない物質を［　　　　］という。
(5) プラスチックは，［有機物　無機物］である。
(6) ガラスは，［有機物　無機物］である。
(7) 金属は，［電気を通す　電気を通しにくい］。
(8) 金属をみがくと見られる特有のかがやきを［　　　　］という。
(9) ガスバーナーの炎がオレンジ色のとき，炎の色を青色にするには［ガス調節ねじ　空気調節ねじ］を開く。
(10) ガスバーナーを消すときは［ガス調節ねじ　空気調節ねじ］を先に閉じる。

得点アップアドバイス

1

テストで注意 **炭素をふくむ無機物**
炭素や一酸化炭素，二酸化炭素は，炭素をふくむが無機物である。

(9) 炎の色がオレンジ色のときは，酸素が不足している。

2 【物質の区別】

下のA～Jの物質をいろいろな観点から区別したい。次の問いに答えなさい。

A　砂糖	B　ガラス	C　エタノール	D　鉄
E　紙	F　銅	G　アルミニウム	
H　ろう	I　ゴム	J　プロパン	

☑ (1)　上のA～Jから，有機物をすべて選び，記号で答えなさい。
〔　　　　　　　　〕

☑ (2)　上のA～Jから，金属をすべて選び，記号で答えなさい。
〔　　　　　　　　〕

☑ (3)　次のア～エのうち，金属に共通する性質ではないものを1つ選び，記号で答えなさい。　〔　　　〕

ア　電気を通す。　　イ　磁石につく。
ウ　みがくと光る。　エ　たたくとよく広がる。

3 【ガスバーナーの使い方】

右の図のガスバーナーについて，次の問いに答えなさい。

☑ (1)　ガスの量を調節するときには，図のA，Bのどちらのねじを回せばよいか。　〔　　　〕

☑ (2)　ガスバーナーの火を消すとき，どのような順序でねじを閉めればよいか。次のア～ウを正しい順序に並べなさい。
〔　　→　　→　　〕

ア　Aのねじを閉める。　イ　元栓を閉める。
ウ　Bのねじを閉める。

A
B
元栓

4 【砂糖と食塩の性質】

砂糖と食塩の性質について調べた。次の問いに答えなさい。

☑ (1)　アルミニウムはくを巻いた2本の燃焼(ねんしょう)さじに，砂糖と食塩をそれぞれのせ，加熱してみた。このとき，変化がなかったのはどちらか。　〔　　　〕

☑ (2)　一方は燃えて黒くこげた。燃えたあとに残った黒い物質は何か。　〔　　　〕

☑ (3)　(2)のように，加熱すると燃えて黒くこげる物質を一般(いっぱん)に何というか。　〔　　　〕

☑ (4)　加熱しても黒くこげることのない，(3)以外の物質を何というか。
〔　　　　　　〕

燃焼さじ

確認 物体と物質

ものを使う目的や外観で区別するときは物体(ぶったい)，ものをつくっている材料で区別するときは物質という。例えばガラスのコップの場合，コップは物体，ガラスは物質となる。

(1)　有機物は，燃やすと二酸化炭素が発生する。

(2)　金属でない物質を非(ひ)金属(きんぞく)という。

(3)　鉄は磁石につくが，銅やアルミニウムは磁石につかない。

確認 調節ねじの回す向き

反時計回りに回すとねじが開き，時計回りに回すとねじが閉まる。

(2)　ガスバーナーの火のつけ方と逆の順序である。

砂糖やデンプンなどが燃えたときには二酸化炭素が発生するよ。

実力完成問題

解答 別冊p.7

ガスバーナーの操作について，あとの問いに答えなさい。

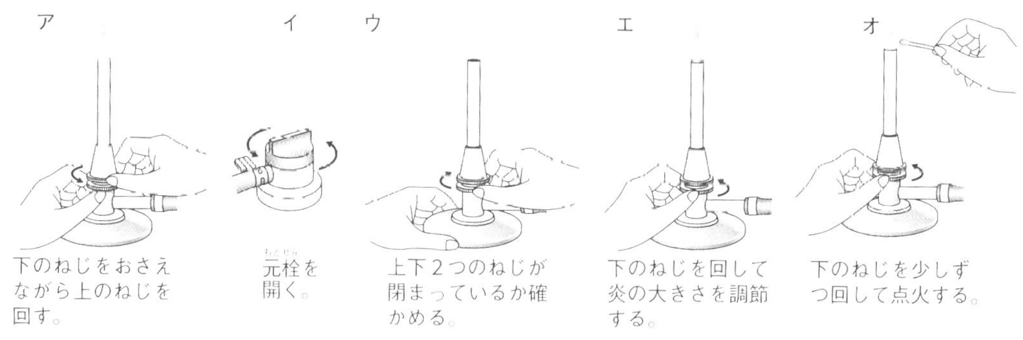

✓よくでる (1) ガスバーナーに火をつけるときの正しい操作順に，図の記号を左から並べなさい。

→ → → →

ミス注意 (2) ガスバーナーに点火するとき，次のA，Bの手順のどちらを先に行うか。

A マッチに火をつける。　　B ガス調節ねじを開いてガスを出す。

(3) ガスバーナーの火を消すとき，空気調節ねじとガス調節ねじのどちらを先に閉じるか。

右の図のように，火をつけたろうそくを集気びんの中に入れてしばらくすると，火は消え，集気びんの内側が白くくもった。次の問いに答えなさい。

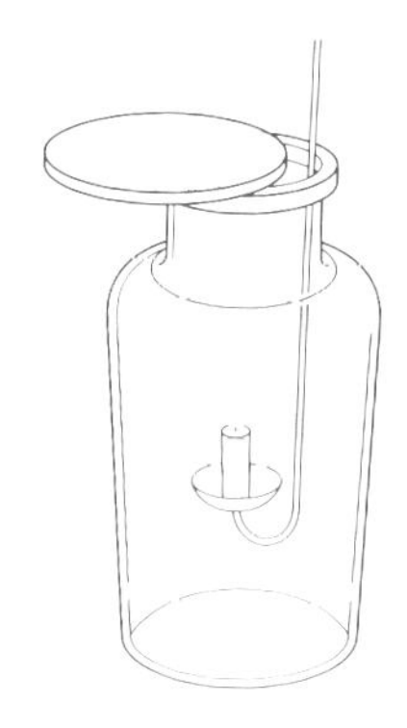

(1) 集気びんの内側が白くくもったのは，ろうそくが燃えたことによって何ができたからか。物質名を答えなさい。

✓よくでる (2) ろうそくをとり出して，石灰水を加えてよく振ると，石灰水はどのようになるか。簡潔に答えなさい。

(3) (2)の結果より，ろうそくが燃えたことによって何ができたとわかるか。物質名を答えなさい。

(4) ろうそくなどのように，燃えて(3)の物質ができるものを何というか。

(5) 次のア～エの物質を同じようにして燃やしたとき，ろうそくを燃やしたときのように石灰水が変化するのはどれか。次のア～エからすべて選び，記号で答えなさい。

ア エタノール　　イ アルミニウム　　ウ スチールウール　　エ デンプン

3 【物質の区別】

右の図は，次のア～キの物質をなかま分けしたものを表している。

ア　亜鉛　　イ　木材　　ウ　食塩
エ　デンプン　　オ　二酸化炭素
カ　プラスチック　　キ　石灰石

物質
有機物
D
A
C
B
非金属

A～Dにあてはまるものはどれか。ア～キからそれぞれすべて選び，記号で答えなさい。あてはまるものがないときは×で答えなさい。

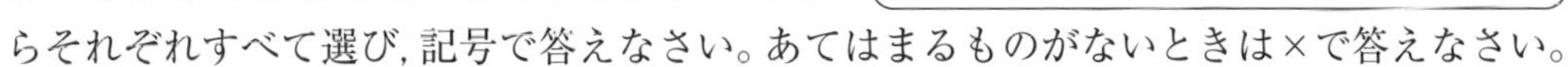

A〔　　　〕 B〔　　　〕 C〔　　　〕 D〔　　　〕

4 【物質の見分け方】

白い粉末A～Cがある。これらは食塩，砂糖，片くり粉のいずれかである。これらを見分けるために，次の実験を行った。これについて，あとの問いに答えなさい。

〔実験1〕 粉末A～Cの一部を水に加えてかき混ぜたところ，粉末A，Bは水にとけたが，粉末Cは水にとけなかった。
〔実験2〕 粉末A～Cの一部をそれぞれ燃焼（ねんしょう）さじにとり，ガスバーナーの火で加熱したところ，A，Cは燃えて黒くこげたが，Bはパチパチとはねただけで燃えなかった。

(1) 実験1で，水にとけなかった粉末Cは何か。〔　　　〕
(2) 実験2で，粉末Bのように，加熱しても黒くこげて炭になることのない物質を何というか。〔　　　〕
(3) 粉末Bは何か。物質名を答えなさい。〔　　　〕

入試レベル問題に挑戦

5 【物質の見分け方】

物質を見分ける方法には，いくつかの方法がある。次のア～オは，その見分け方の例である。これについて，あとの問いに答えなさい。

ア　手ざわりやにおいのちがいを調べる。
イ　水へのとけ方を比べる。
ウ　磁石につくかどうか調べる。
エ　加熱したときのようすを比べる。
オ　電気を通すかどうか調べる。

(1) 鉄とアルミニウムの板がある。見た目では区別できないとき，上のア～オのどの方法を用いれば区別できるか。最も適切なものを1つ選び，記号で答えなさい。〔　　　〕
(2) 少量の食塩と砂糖の粉末がある。見た目で区別できないとき，上のア～オのどの方法を用いれば区別できるか。最も適切なものを1つ選び，記号で答えなさい。〔　　　〕

ヒント
食塩は無機物，砂糖は有機物である。

2 物質の密度

ニューコース参考書 中1理科

攻略のコツ 密度の求め方や実験器具の使い方がよく問われる！

テストに出る！ 重要ポイント

密度（みつど）
物質（ぶっしつ）1 cm³あたりの質量（物体そのものの量）。
物質の種類が同じならば，大きさや形がちがっても密度は同じ。

$$密度〔g/cm^3〕=\frac{質量〔g〕}{体積〔cm^3〕}$$

（質量：しつりょう）

メスシリンダーの使い方
❶ 水やエタノールの場合は，真横から液面の最も低い位置を読みとる。
❷ 1目盛りの $\frac{1}{10}$ まで目分量で読む。

てんびんの使い方（上皿てんびん）
❶ つり合うときは，指針が左右に等しく振（ふ）れる。
❷ 分銅は，重いもの→軽いものの順にのせていく。
❸ 使い終わったら，皿を片方に重ねておく。

Step 1 基礎力チェック問題

解答 別冊p.8

1 次の　　　にあてはまるものを選ぶか，あてはまる言葉や数を書きなさい。

(1) 物質1 cm³あたりの質量のことを　　　　　　という。

(2) 物質の密度は，その物質の〔 種類　大きさ　質量 〕によって決まっている。

(3) 質量が120 gで，体積が40 cm³の物質の密度は　　　　　g/cm³である。

(4) 密度が8.0 g/cm³で，質量が200 gの物質の体積は　　　　　cm³である。

(5) 密度が2.5 g/cm³で，体積が80 cm³の物質の質量は　　　　　gである。

(6) メスシリンダーの値を読むときは，1目盛りの〔 $\frac{1}{2}$　$\frac{1}{5}$　$\frac{1}{10}$ 〕まで目分量で読みとる。

(7) 上皿てんびんは，〔 水平な　傾斜（けいしゃ）した 〕台の上に置き，指針が左右に等しく振れるように〔 調節ねじ　分銅 〕で調整してから使用する。

(8) 上皿てんびんがつり合ったときは，指針が〔 止まったとき　左右に等しく振れたとき 〕である。

得点アップアドバイス

1

(2) 密度は物質ごとに決まった値なので，物質を見分ける手がかりになる。

密度の公式の変形

$密度=\frac{質量}{体積}$ の式を変形させて考える。

$体積=\frac{質量}{密度}$

$質量=密度\times体積$

2 【金属の密度】

鉄，鉛（なまり），アルミニウム，金属Aの４種類の金属のかたまりの体積と質量をはかったら，下の表のようになった。次の問いに答えなさい。

	鉄	鉛	アルミニウム	金属A
体積〔cm^3〕	20	10	40	30
質量〔g〕	158	113	108	81

☑(1)　鉄の密度を求めなさい。〔　　　　〕

☑(2)　金属Aの密度を求めなさい。〔　　　　〕

☑(3)　金属Aは，ほかの３種類の金属のうちの１つである。どの金属か。〔　　　　〕

3 【実験器具の使い方】

メスシリンダーと上皿てんびんの使い方について，次の問いに答えなさい。

☑(1)　メスシリンダーに水を入れ，体積を読むとき，目の正しい位置を図のア～ウから選び，記号で答えなさい。〔　　〕

☑(2)　図の水の体積は何 cm^3 か。〔　　〕

☑(3)　上皿てんびんである物体（ぶったい）の質量をはかるとき，分銅はどのような順でのせていくのがよいか。次のア～ウから１つ選び，記号で答えなさい。〔　　〕

ア　重い分銅をのせ，重すぎたら次に軽い分銅にとりかえる。

イ　軽い分銅をのせ，軽すぎたら次に重い分銅にとりかえる。

ウ　中ぐらいの重さの分銅からのせ，針の振れによって分銅をとりかえる。

4 【物質の体積と質量の関係】

右の図は，３種類の固体A，B，Cの体積と質量との関係を調べてつくったグラフである。次の問いに答えなさい。

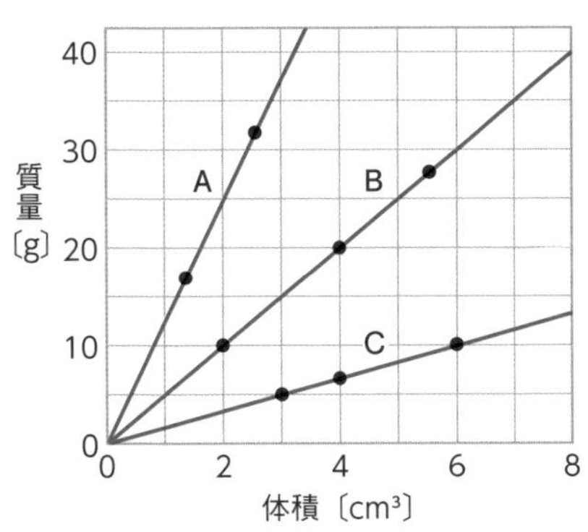

☑(1)　同じ種類の固体では，体積と質量とはどんな関係にあるか。〔　　　　〕

☑(2)　固体Bの密度を求めなさい。〔　　　　〕

☑(3)　密度がいちばん大きい固体はどれか。〔　　　　〕

得点アップアドバイス

2

(3)　物質の種類が同じならば，大きさや形がちがっていても密度は同じ。

3

(2)　メスシリンダーは，液面の平らなところを，１目盛りの10分の１まで目分量で読みとる。

確認　メスシリンダーで水銀をはかるとき
水銀は液面が盛り上がるので最も高い位置を読みとる。

4

原点を通る直線のグラフになっているね。

(3)　同じ体積の物質を比べたとき，質量が大きい方が密度の大きい物質である。

実力完成問題

解答 別冊p.8

A～Fの６種類の固体の体積と質量をはかって密度を求めたら，下の表のようになった。これについて，次の問いに答えなさい。

	A	B	C	D	E	F
体積〔cm^3〕	7.3	3.4	5.2	4.8	8.0	2.9
質量〔g〕	82.5	9.2	イ	13.0	71.2	32.8
密度〔g/cm^3〕	ア	2.7	8.9	2.7	8.9	11.3

(1) 上の表のア，イの値をそれぞれ四捨五入して小数第１位まで求めなさい。

ア　　イ

(2) A～Fの固体は，少なくとも何種類の物質に分けられるか。

メスシリンダーに水を50.0 cm^3とり，47.4 gの鉄のかたまりを入れた。これについて，次の問いに答えなさい。

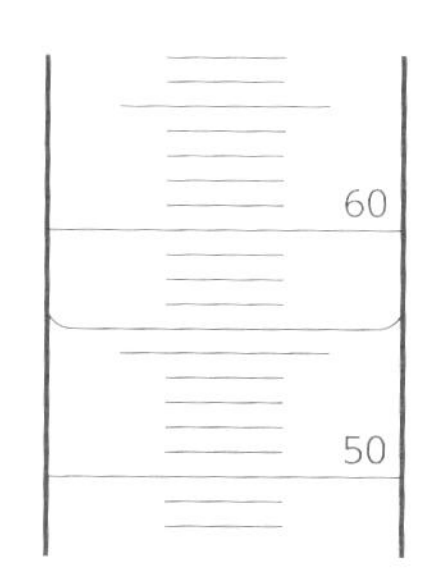

✓よくでる (1) 鉄のかたまりを入れたとき，水面は右の図のようになった。目盛りを正しく読みとり，単位をつけて答えなさい。

(2) 鉄の体積はいくらか。

(3) 鉄の密度を求め，単位をつけて答えなさい。

上皿てんびんの使い方について，次の問いに答えなさい。

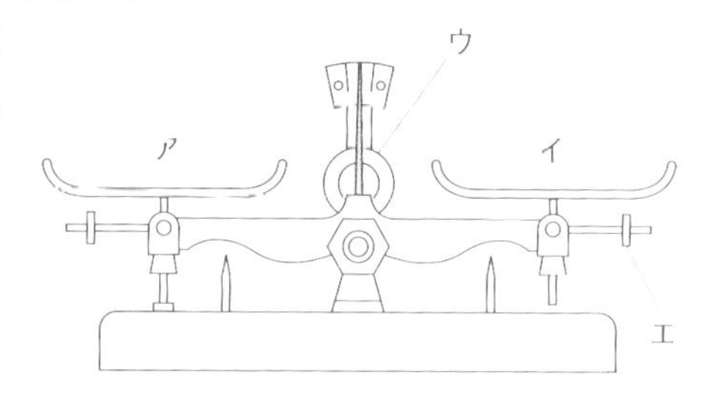

(1) はじめ，皿に何ものせないとき，左右の皿がつり合わなかった。どこで調節すればよいか。図のア～エから１つ選び，記号で答えなさい。

ミス注意 (2) (1)で調節するとき，指針がどのような振れ方をするようにすればよいか。簡潔に答えなさい。

(3) 右利きの人がある物体の質量をはかるとき，その物体をア，イのどちらの皿にのせるのがよいか。記号で答えなさい。

(4) ある物体の質量をはかるとき，分銅は，少し重いと思われるもの，少し軽いと思われるもののどちらからのせるのがよいか。

4 【液体の密度】

右の表は，水，エタノールの密度を示したものである。次の問いに答えなさい。

物質	水	エタノール
密度	1.00	0.79

(1) 水とエタノールをそれぞれメスシリンダーで 10.0 cm^3 ずつはかりとりたい。メスシリンダーはどのようにして目盛りを読めばよいか。次の**ア**～**ウ**から1つ選び，記号で答えなさい。〔　　〕

ア　手にとって，目盛りを真横から読みとる。

イ　水平な台の上に置いて，目盛りを少し上から読みとる。

ウ　水平な台の上に置いて，目盛りを真横から読みとる。

(2) 水とエタノールを 10.0 cm^3 はかりとったあと，電子てんびんでそれぞれの質量をはかった。このとき，質量が大きいのはどちらか。〔　　〕

ミス注意 (3) 2本のメスシリンダーに，水とエタノールをそれぞれ 20 g ずつとって体積を比べた。このとき，体積が大きいのはどちらか。〔　　〕

5 【グラフと密度】

A～Eの5つの固体について，体積と質量をはかり，グラフ上に点で記入したら，右の図のようになった。これについて，次の問いに答えなさい。

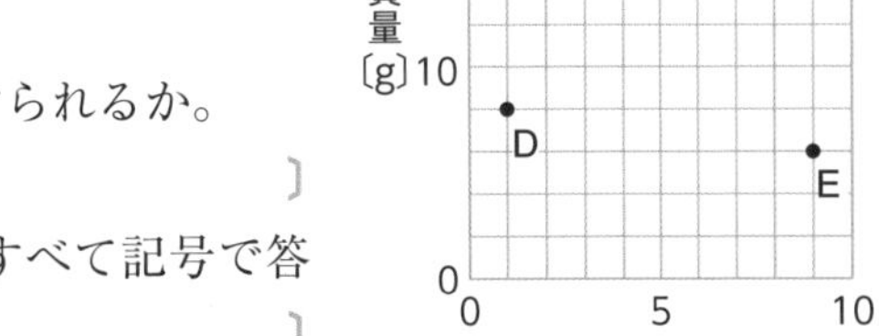

(1) A～Eの固体は，最低何種類の物質に分けられるか。〔　　〕

(2) A～Eのうち，密度が最も大きいものをすべて記号で答えなさい。〔　　〕

✓よくでる (3) A～Eのうちで，水（密度 1 g/cm^3）に入れると浮（う）くものはどれか。記号で答えなさい。〔　　〕

入試レベル問題に挑戦

6 【密度と浮き沈み】

液体A，B，Cと，これらの液体にはとけない固体P，Q，Rがある。液体中にこれらの固体を入れたときの結果は，次の①～③のようになった。このとき，液体A，B，Cのうちで密度が最も大きいもの，固体P，Q，Rのうちで密度が最も小さいものを，それぞれ記号で答えなさい。

① Pを液体B，Cに入れると沈（しず）んだが，Aに入れると浮いた。

② Qを液体A～Cに入れると，どの場合も沈んだ。

③ Rを液体Bに入れると沈んだが，A，Cに入れた場合は浮かんだ。

密度が最も大きい液体〔　　〕

密度が最も小さい固体〔　　〕

ヒント

水に入れた物体が浮いたり沈んだりするとき，物体の密度は水の密度と比べてどうなっていたかを思い出してみよう。

3 気体の性質

ニューコース参考書
中1理科

攻略のコツ 気体の確認方法や集め方がよく問われる！

テストに出る！ 重要ポイント

気体の発生法

❶ 二酸化炭素…**石灰石**にうすい**塩酸**を加える。
❷ 酸素…**二酸化マンガン**に**うすい過酸化水素水**を加える。
❸ 水素…**亜鉛**（鉄，マグネシウム）にうすい**塩酸**を加える。
❹ アンモニア…**塩化アンモニウム**と**水酸化カルシウム**の混合物を**加熱**。

気体の性質

	二酸化炭素	酸素	水素	アンモニア
におい	無臭	無臭	無臭	刺激臭
水へのとけ方	少しとける	とけにくい	とけにくい	非常によくとける
空気と比べた密度	大きい	少し大きい	非常に小さい	小さい
その他の性質	石灰水を白くにごらせる	ものが燃えるのを助ける	気体自体が燃えて水ができる	有毒。水溶液はアルカリ性

気体の集め方

❶ **水上置換法**…水にとけにくい気体。
❷ **上方置換法**…水にとけやすく，空気より密度が小さい気体。
❸ **下方置換法**…水にとけやすく，空気より密度が大きい気体。

Step 1 基礎力チェック問題

解答 別冊p.9

1 次の　　　にあてはまるものを選ぶか，あてはまる言葉を書きなさい。

(1) 石灰石にうすい　　　　　を加えると二酸化炭素が発生する。
(2) 二酸化マンガンにうすい過酸化水素水を加えると　　　　　が発生する。
(3) 亜鉛　銅　にうすい塩酸を加えると水素が発生する。
(4) 気体自体が燃えるのは　酸素　水素　である。
(5) 二酸化炭素は　　　　　を白くにごらせる性質がある。
(6) 水素は水に　とけやすい　とけにくい　ので水上置換法で集める。
(7) アンモニアは　上方置換法　下方置換法　で集める。
(8) 二酸化炭素を集めるのに適していないのは，水上置換法　上方置換法　下方置換法　である。

得点アップアドバイス

1

(1) ものが燃えるのを助ける性質（助燃性）と気体自体が燃える性質（可燃性）を混同しないこと。
(6) 水上置換法は，気体を水と置き換えて集める方法である。酸素も水上置換法で集める。
(7) アンモニアは水にとけやすく，空気より密度が小さい。
(8) 二酸化炭素は水に少しとけ，空気より密度が大きい。

2 【気体の発生と性質】
次の方法で，気体A～Dを発生させて集めた。あとの問いに答えなさい。

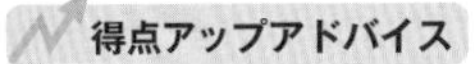

① 二酸化マンガンにオキシドールを加えたところ，気体Aが発生した。
② マグネシウムにうすい塩酸を加えたところ，気体Bが発生した。
③ 石灰石にうすい塩酸を加えたところ，気体Cが発生した。
④ 塩化アンモニウムと水酸化カルシウムの混合物を加熱すると，気体Dが発生した。

(1) 気体A～Dはそれぞれ何か。気体名を答えなさい。
A〔　　〕 B〔　　〕
C〔　　〕 D〔　　〕

(2) 気体A～Dのうち，石灰水に通すと石灰水を白くにごらせる気体はどれか。1つ選び，記号で答えなさい。〔　　〕

(3) 気体A～Dのうち，刺激臭のあるものはどれか。1つ選び，記号で答えなさい。〔　　〕

(4) 気体A～Dのうち，火のついた線香（せんこう）を入れると，線香が激しく燃えるものはどれか。1つ選び，記号で答えなさい。〔　　〕

(5) 気体A～Dのうち，火をつけると燃えるものはどれか。1つ選び，記号で答えなさい。また，その気体が燃えたときにできる物質名を答えなさい。 記号〔　　〕 物質名〔　　〕

2

(2) 石灰水を白くにごらせるのは，二酸化炭素の性質である。
(3) 刺激臭のある気体には，アンモニアや塩化水素，塩素などがある。
(4) 酸素にはものが燃えるのを助けるはたらき（助燃性）がある。
(5) 水素は燃える気体である。

3 【酸素の発生と性質】
酸素について，次の問いに答えなさい。

(1) 酸素を集める方法として適切なものを，図のア～ウから1つ選び，記号で答えなさい。〔　　〕

(2) (1)のような集め方を選んだのは，酸素のどのような性質によるものか。簡潔に答えなさい。〔　　〕

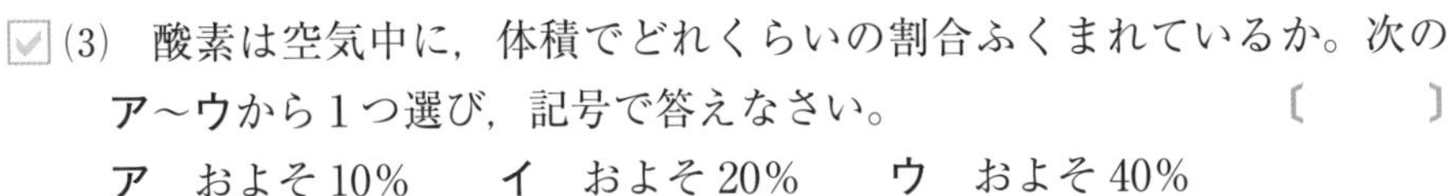

(3) 酸素は空気中に，体積でどれくらいの割合ふくまれているか。次のア～ウから1つ選び，記号で答えなさい。〔　　〕
ア およそ10%　**イ** およそ20%　**ウ** およそ40%

3
(1) 気体の集め方は，水へのとけ方と，空気と比べた密度から考える。

実力完成問題

解答 別冊p.9

右の図のように，ある固体aにうすい塩酸を加えて水素を発生させて集めた。次の問いに答えなさい。

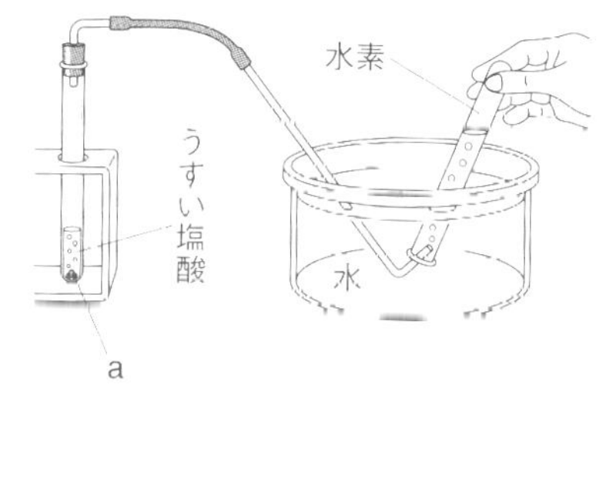

思考 (1) 水素が発生したあと，すぐに集めないでしばらくしてから集めた。このようにして集めたのはなぜか。理由を簡潔に書きなさい。

✓よくでる (2) 水素を発生させるには，図中のaには何を用いればよいか。次のア～オから2つ選び，記号で答えなさい。

ア スチールウール　イ 卵の殻　ウ 亜鉛　エ 貝殻　オ 石灰石

(3) 次のア～エのうち，水素の性質として適切なものはどれか。2つ選び，記号で答えなさい。

ア 水にとけにくく，物質の中で最も密度が小さい。
イ ぬらした青色リトマス紙を近づけると，リトマス紙を赤色に変える。
ウ 水によくとけ，その水溶液はフェノールフタレイン溶液を赤色に変える。
エ マッチの火を近づけると，気体自体が燃える。

アンモニアを丸底フラスコに集めて，性質を調べた。次の問いに答えなさい。

図1

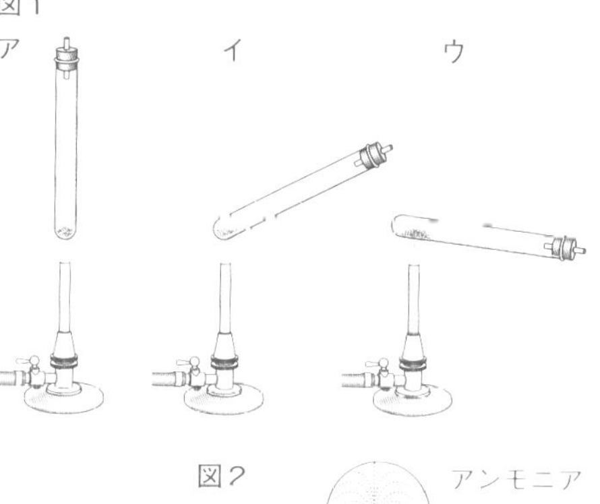

(1) アンモニアは，塩化アンモニウムと水酸化カルシウムの混合物を試験管に入れ，加熱して発生させた。試験管の加熱のしかたとして適切なものを図1のア～ウから1つ選び，記号で答えなさい。

✓よくでる (2) アンモニアを集めるには，どのような方法がよいか。集め方を答えなさい。

図2

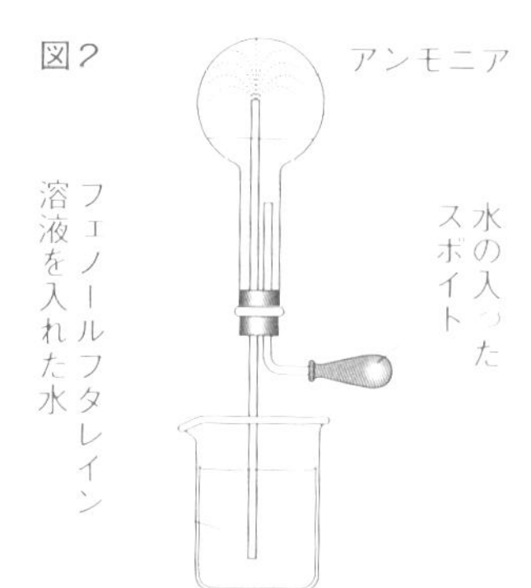

(3) 図2のように，発生させたアンモニアを集めたフラスコにスポイトで水を入れると，フェノールフタレイン溶液を入れたビーカーの中の水が噴水のようになってフラスコに入り，同時に噴水の色が変わった。液の色は何色になったか。また，この気体の水溶液は何性を示すか。

色　　　水溶液

✓よくでる (4) スポイトの水をフラスコ内に入れると，ガラス管から水が噴水のようにふき出すのは，この気体がどんな性質をもつからか。簡潔に答えなさい。

3 【二酸化炭素の発生と性質】

右の図のように，ある物質にうすい塩酸を加えて二酸化炭素を発生させた。次の問いに答えなさい。

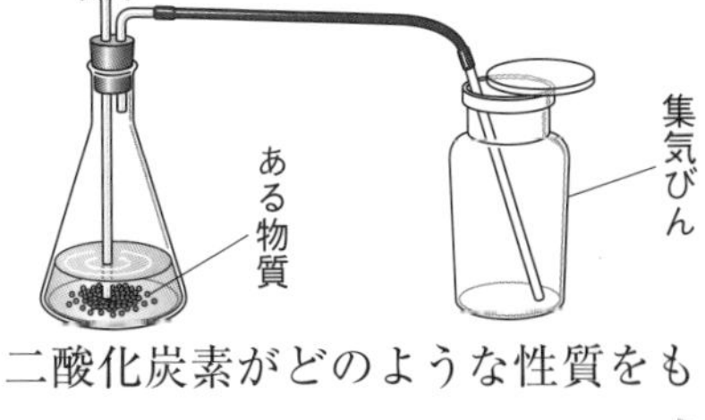

(1) ある物質とは何か。適するものを次の**ア**～**オ**から2つ選び，記号で答えなさい。〔　　　　〕

ア 鉄　**イ** 石灰石　**ウ** 亜鉛

エ 二酸化マンガン　**オ** 貝殻

(2) 図のようにして気体を集めることができるのは，二酸化炭素がどのような性質をもつためか。〔　　　　〕

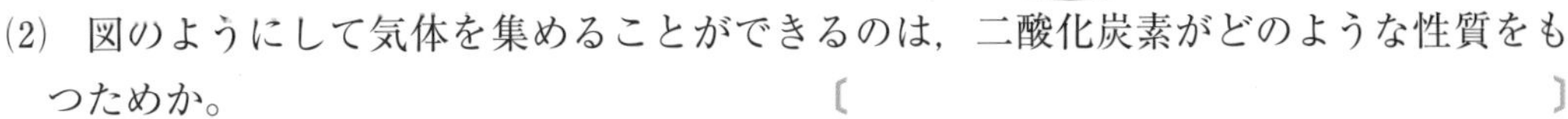

✓よくでる (3) 気体を集めた集気びんに，石灰水（せっかいすい）を入れてよく振（ふ）ると，石灰水はどのようになるか。〔　　　　〕

4 【気体の性質】

酸素，水素，窒素（ちっそ），二酸化炭素，アンモニアの5種類の気体の中から，3種類の気体を選び，X，Y，Zとしてその性質を調べたら，下の表のようになった。これについて，次の問いに答えなさい。

気体	におい	燃える性質	水へのとけ方	水溶液の性質
X	なし	あり	とけにくい	―
Y	刺激臭	なし	よくとける	アルカリ性
Z	なし	なし	少しとける	酸性

(1) 気体Xを空気中で燃やしたときにできる物質は何か。〔　　　　〕

(2) 気体Yは5種類の中のどれか。〔　　　　〕

(3) 気体Zをつくる方法として適切なものを，次の**ア**～**エ**からすべて選び，記号で答えなさい。〔　　　　〕

ア 亜鉛にうすい塩酸を加える。

イ 二酸化マンガンにうすい過酸化水素水を加える。

ウ 石灰石にうすい塩酸を加える。

エ 炭酸水素ナトリウムに酢酸（さくさん）を加える。

入試レベル問題に挑戦

5 【気体の発生と集め方】

右の図のように，水酸化カルシウムの粉末と塩化アンモニウムの粉末を混合し，乾（かわ）いた試験管Aに入れて十分加熱した。そして，発生した気体を乾いた試験管Bに集めた。次の問いに答えなさい。

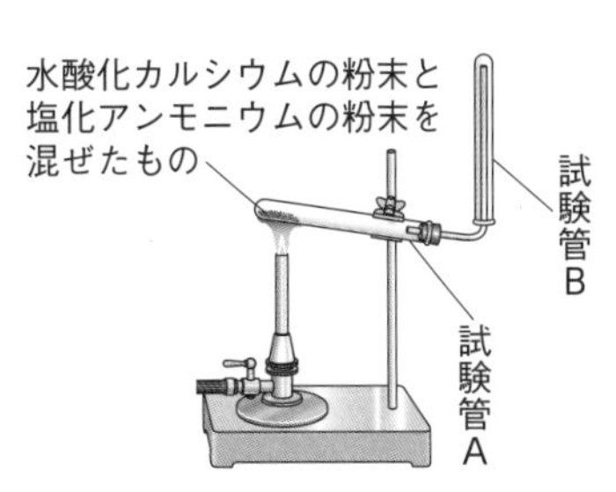

(1) 発生した気体の名前を答えなさい。〔　　　　〕

思考 (2) 試験管Aの口を少し下げているのはなぜか。理由を簡単に説明しなさい。

〔　　　　〕

ヒント

反応によって，気体以外に水が発生することを考えよう。

定期テスト予想問題 ③

得点 /100

1 小麦粉，砂糖，食塩の性質について，次の問いに答えなさい。

(1) 方法1，2によって，3種類の物質(ぶっしつ)を右の図のように分類した。方法1，2として適切なものは何か。次のア～エから1つずつ選び，記号で答えなさい。

小麦粉　砂糖　食塩
〈方法1〉
小麦粉　砂糖 ／ 食塩
〈方法2〉
小麦粉 ／ 砂糖

ア　水に入れてとけるかどうか調べる。
イ　刺激臭(しげきしゅう)があるかどうか調べる。
ウ　無色か有色か調べる。
エ　加熱したとき，燃えて炭になるかどうか調べる。

(2) 方法1によって，小麦粉と砂糖は同じ性質をもつ物質であることがわかった。このような物質のことを何というか。

(3) 方法2では，砂糖はどのような結果になるか。

(1) 方法1　　方法2　　(2)　　(3)

2 炭酸水素ナトリウムに酢酸(さくさん)を加えると，気体が発生した。この気体について，次の問いに答えなさい。

(1) この気体を［ 1 ］に通すと［ 1 ］が白くにごったので，この気体は［ 2 ］であることがわかった。［ 1 ］，［ 2 ］に適当な物質の名称(めいしょう)を入れなさい。

(2) この気体を集める方法として，適切でないものはどれか。右の図のア～ウから1つ選び，記号で答えなさい。

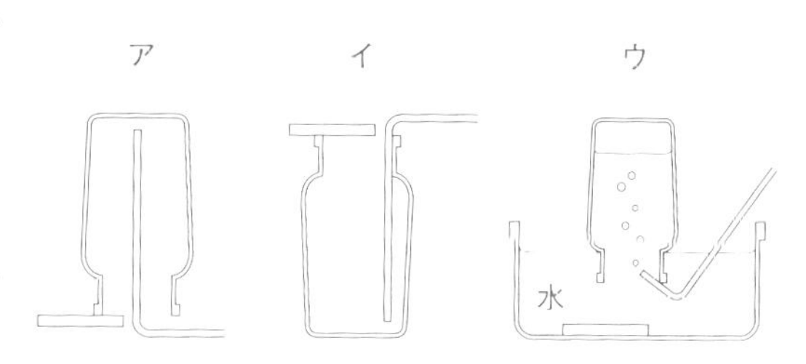

(3) この気体の性質としてあてはまるものを，次のア～オから1つ選び，記号で答えなさい。

ア　鼻をさす強いにおいがする。
イ　うすい黄緑色をしている。
ウ　水に少しとける。
エ　ものを燃やすはたらきがある。
オ　水溶液(すいようえき)は赤色リトマス紙を青色にする。

(1) 1　　2　　(2)　　(3)

3

右の図のように，50.0 cm³ の水を入れた 100 cm³ 用のメスシリンダーを４本用意し，この中に鉄，アルミニウム，銅，鉛（なまり）の金属 100 g のかたまりを別々に入れ，メスシリンダーの目盛りを読んだ。次の問いに答えなさい。 【3 点× 3】

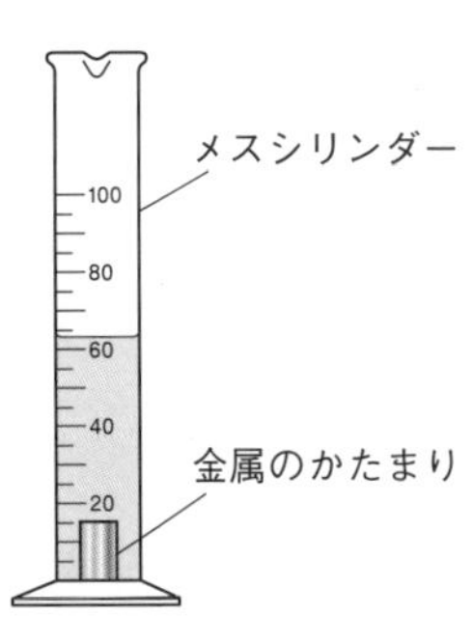

(1) メスシリンダーの目盛りを読むとき，正しい読み方を表しているのはどれか。次の**ア**～**エ**から１つ選び，記号で答えなさい。

ア
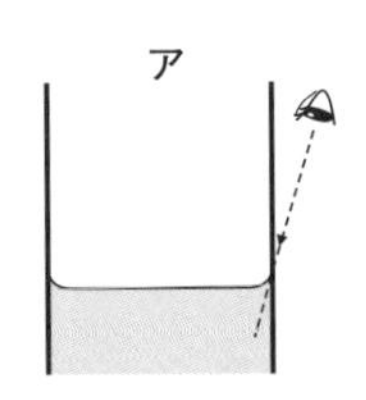
イ
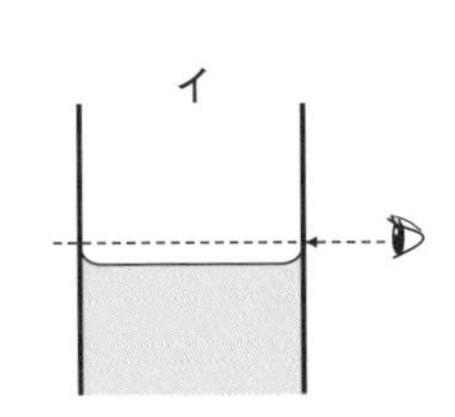
ウ
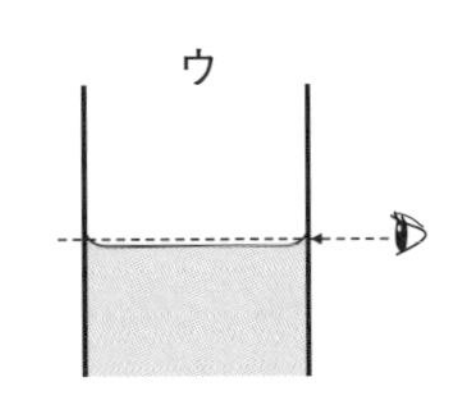
エ
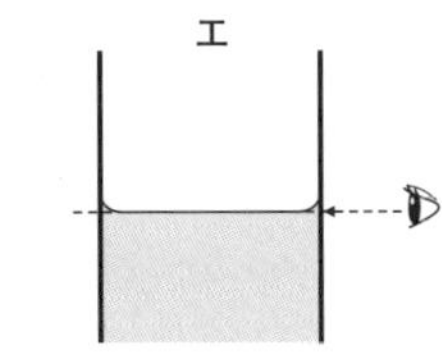

(2) 右の表は４種類の金属の密度（みつど）を示したものである。金属 100 g のかたまりをそれぞれ入れたとき，メスシリンダーの読みの値が最も大きいものはどれか。金属名を答えなさい。

金属	鉄	アルミニウム	銅	鉛
密度〔g/cm³〕	7.87	2.70	8.96	11.34

(3) ４種類の金属の表面をみがくと，すべて光った。このような金属特有のかがやきを何というか。

4

右の図は，ガスバーナーと元栓（もとせん）を示したもので，Aは空気調節ねじ，Bはガス調節ねじである。次の問いに答えなさい。 【3 点× 5】

(1) 次の**ア**～**オ**は，ガスバーナーに点火するときの操作である。操作の正しい順序を記号で答えなさい。

ア 元栓を開く。　**イ** マッチに火をつける。
ウ Aをゆるめる。　**エ** A，Bが閉じているか確認する。
オ マッチの火を筒先（つつさき）に近づけ，Bをゆるめる。

(2) はじめ炎（ほのお）の色がオレンジ色になるが，青色の安定した炎にするにはどのように調節したらよいか。①～③の｛　｝から，それぞれ適切なものを選び，記号で答えなさい。

調節ねじ ①｛**ア**　A　**イ**　B｝を ②｛**ウ**　a　**エ**　b｝の方向に回して，③｛**オ**　ガス　**カ**　空気｝の量を多くする。

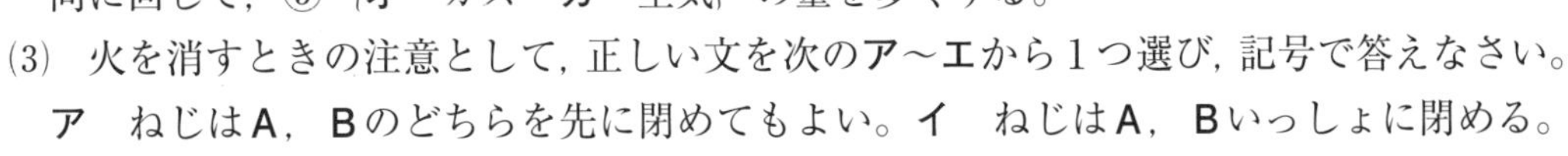

(3) 火を消すときの注意として，正しい文を次の**ア**～**エ**から１つ選び，記号で答えなさい。

ア ねじはA，Bのどちらを先に閉めてもよい。**イ** ねじはA，Bいっしょに閉める。
ウ ねじはA→Bの順で閉める。　**エ** ねじはB→Aの順で閉める。

5 ある物体Xの質量と体積をはかった。次の問いに答えなさい。

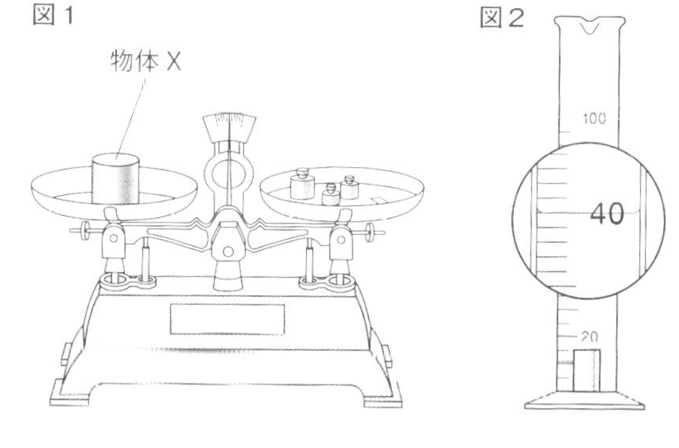

(1) 図1のような上皿てんびんで物体Xの質量をはかるとき，分銅は重いもの，軽いもののどちらの方からのせるか。

(2) 上皿てんびんは10 g，5 g，1 g，200 mgの分銅を各1個ずつのせたときにつり合った。物体Xの質量は何gか。

(3) 上皿てんびんを使い終わって片づけるとき，皿はどのようにしまえばよいか。簡潔に答えなさい。

(4) 30.0 cm^3の水を入れたメスシリンダーに物体Xを入れると，水面は図2のようになった。物体Xの体積はいくらか。次のア～エから1つ選び，記号で答えなさい。

ア 10.0 cm^3　イ 15.0 cm^3　ウ 30.0 cm^3　エ 40.0 cm^3

(5) 物体Xの密度はいくらか。

(6) 物体Xをつくっている物質と同じ物質で，体積20.0 cm^3の物体Yの質量はいくらか。

(1)　(2)　(3)

(4)　(5)　(6)

6 図のように，集気びんの中でア～カの各物質を加熱した。あとの問いに答えなさい。

ア 食塩　イ エタノール　ウ アルミニウム

エ スチールウール　オ プラスチック　カ ろう

集気びん

物質

(1) 燃やしたあと，各物質をとり出し，集気びんに石灰水を入れてよく振った。石灰水が白くにごるのはどれを燃やしたときか。すべて選び，記号で答えなさい。

(2) 石灰水が白くにごったのは，燃やしたときに何ができたからか。物質名を答えなさい。

(3) 上のア～カで，金属はどれか。すべて選び，記号で答えなさい。

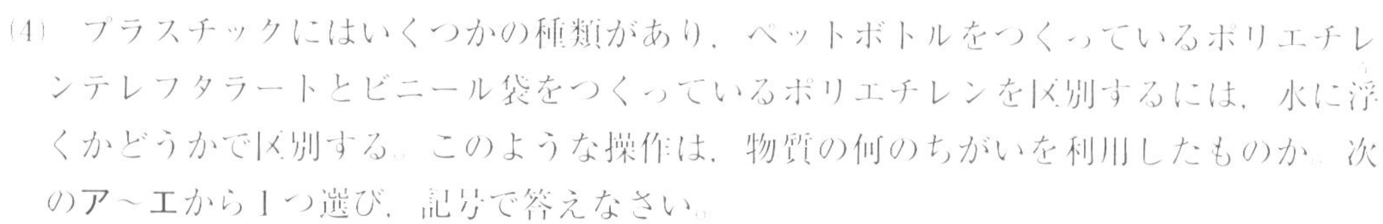

(4) プラスチックにはいくつかの種類があり，ペットボトルをつくっているポリエチレンテレフタラートとビニール袋をつくっているポリエチレンを区別するには，水に浮くかどうかで区別する。このような操作は，物質の何のちがいを利用したものか。次のア～エから1つ選び，記号で答えなさい。

ア かたさ　イ 密度　ウ 質量　エ 体積

(1)　(2)　(3)　(4)

7 次の表は，４種類の気体Ａ～Ｄの性質を表している。これを参考にして，あとの問いに答えなさい。 【4点×6】

気体	におい	空気と比べた密度の大きさ	水へのとけ方	その他の性質
A	なし	非常に小さい	とけにくい	燃えると水ができる
B	なし	少し大きい	とけにくい	物質を燃やす
C	鼻をさすようなにおい	小さい	よくとける	しめった赤色リトマス紙を青色にする
D	なし	大きい	少しとける	石灰水に通すと白くにごる

(1) 気体Ａの集め方として最も適切なのはどれか。次の**ア～ウ**から１つ選び，記号で答えなさい。

ア 上方置換法(じょうほうちかんほう)　**イ** 下方置換法(かほうちかんほう)　**ウ** 水上置換法(すいじょうちかんほう)

(2) Ａ～Ｄの気体が入ったそれぞれの試験管を，**図１**のように水の入った水そうの中に逆さまに立て，水の中でゴム栓(せん)をはずした。その中の１本は，**図２**のように水が試験管の中を上昇(じょうしょう)していった。この気体はどれか。表のＡ～Ｄから１つ選び，記号で答えなさい。

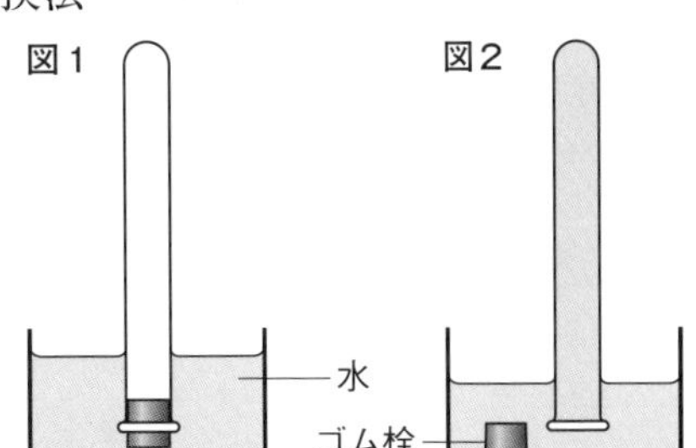

(3) (2)の気体は何か。次の**ア～オ**からあてはまるものを１つ選び，記号で答えなさい。

ア 酸素　**イ** 水素　**ウ** 二酸化炭素

エ 塩素　**オ** アンモニア

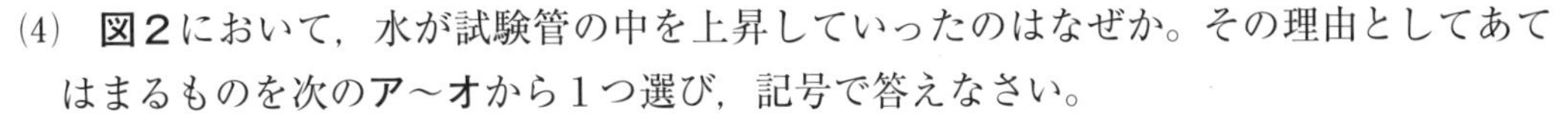

(4) **図２**において，水が試験管の中を上昇していったのはなぜか。その理由としてあてはまるものを次の**ア～オ**から１つ選び，記号で答えなさい。

ア 試験管内の気体が水にとけにくく，空気より非常に軽いから。

イ 試験管内の気体が水にとけにくく，空気より少し重いから。

ウ 試験管内の気体が水にとけたから。

エ 試験管内の気体が水より軽いから。

オ 水は気体の入った試験管をのぼっていく性質があるから。

(5) 二酸化マンガンにうすい過酸化水素水を加えると，ある気体が発生する。その気体はどれか。表のＡ～Ｄから１つ選び，記号で答えなさい。

(6) 地球温暖化(ちきゅうおんだんか)の原因物質のひとつと考えられている気体がある。その気体はどれか。Ａ～Ｄから１つ選び，記号で答えなさい。

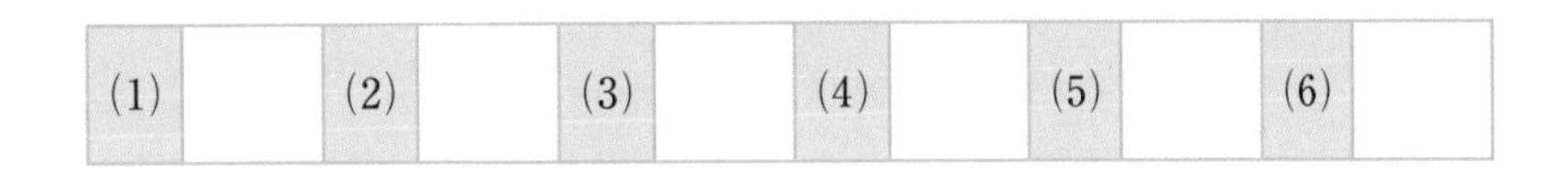

4 水溶液の性質

攻略のコツ 溶解度のグラフの読みとりがよく問われる！

テストに出る！ 重要ポイント

水溶液

❶ **溶質**…とけている物質。
❷ **溶媒**…溶質がとけている液体。
❸ **溶液**…溶質が溶媒にとけた液体。
溶媒が水の溶液を**水溶液**という。

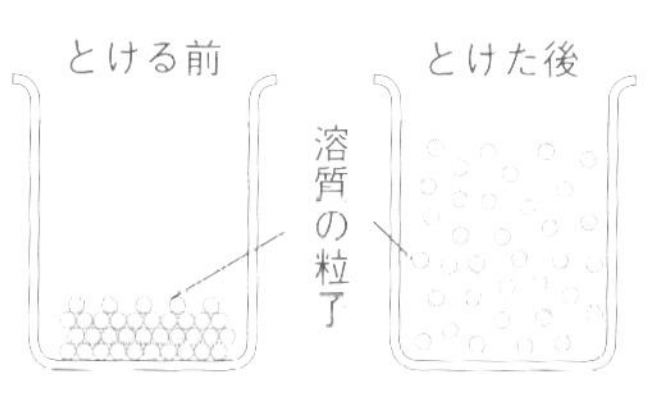

質量パーセント濃度

$$\text{質量パーセント濃度〔\%〕} = \frac{\text{溶質の質量〔g〕}}{\text{溶液の質量〔g〕}} \times 100$$

$$= \frac{\text{溶質の質量〔g〕}}{\text{溶質の質量〔g〕} + \text{溶媒の質量〔g〕}} \times 100$$

溶解度と再結晶

❶ **溶解度**…一定量（100 g）の水にとける物質の限度の量。
❷ **飽和水溶液**…物質が溶解度までとけている水溶液。
❸ **結晶**…物質に特有な，規則正しい形をした固体。
❹ **再結晶**…固体を液体にとかしたあと，再び結晶としてとり出すこと。

Step 1 基礎力チェック問題

解答 別冊p.10

1 次の　　　にあてはまるものを選ぶか，あてはまる言葉や数を書きなさい。

(1) 砂糖水では，砂糖のように水にとけている物質を［溶質　溶媒］，砂糖をとかしている水を［溶媒　溶液］という。

(2) 100 g の水に 25 g の砂糖をとかした砂糖水の質量パーセント濃度は　　　%である。

(3) 20%の砂糖水 150 g は，　　　g の砂糖が，　　　g の水にとけたものである。

(4) 一定量の水にとける物質の限度の量を　　　という。

(5) 物質が溶解度まで水にとけている水溶液を　　　という。

(6) いくつかの平面で囲まれた，物質の種類によって特有の規則正しい形をしている固体を　　　という。

(7) 固体を一度水にとかし，再び固体を結晶としてとり出す方法を　　　という。

(8) 再結晶によりとり出した結晶は，［純物質　混合物］である。

得点アップアドバイス

1

(3) 溶液〔g〕＝溶質〔g〕＋溶媒〔g〕

(5) 物質が溶解度まで水にとけている水溶液は，それ以上その物質をとかすことができない。

(7) 水溶液にとけているものをとり出す方法には，水溶液の水を蒸発させる方法と水溶液を冷却させる方法とがある。

(8) 純物質（純粋な物質）は1種類の物質でできているもの，混合物はいくつかの物質が混じり合ったものである。

2 【ものがとけるようす】

右の図のように，水を入れたメスシリンダーの中にコーヒーシュガーを入れてしばらくすると下の方が茶色になった。次の問いに答えなさい。

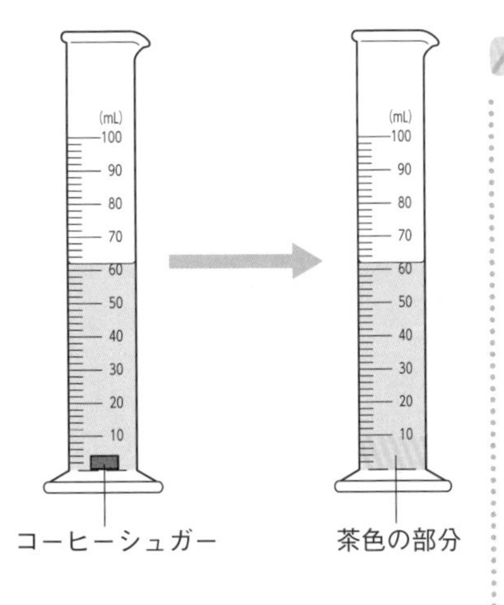

☑ (1) このようになったメスシリンダーを2週間放置すると，どのような状態になっているか。次の**ア**～**ウ**から1つ選び，記号で答えなさい。

〔　　　〕

ア 下の方が茶色のまま変わっていない。

イ 茶色の部分が全体に広がって均一になっている。

ウ 茶色の部分がなくなって全体が無色透明（とうめい）になっている。

☑ (2) (1)の状態からさらに1週間そのままにしておくと，メスシリンダー内の液のようすは(1)と異なっているか，同じか。ただし水の蒸発は考えないものとする。〔　　　　　〕

3 【溶解度】

右の図は，100 gの水にとける塩化ナトリウム（食塩）とホウ酸の量を示したものである。次の問いに答えなさい。

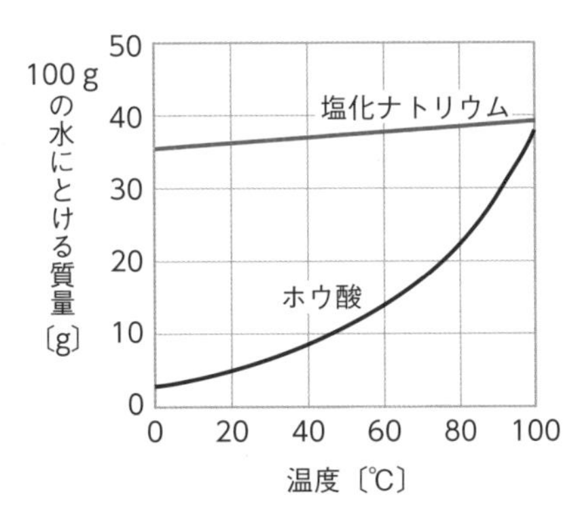

☑ (1) 温度によって，100 gの水にとける量が大きく変わるのは，塩化ナトリウムとホウ酸のどちらか。

〔　　　　　　〕

☑ (2) 塩化ナトリウムは，20 ℃の水100 gに約何gとけるか。次の**ア**～**エ**から1つ選び，記号で答えなさい。〔　　　〕

ア 約5 g　**イ** 約18 g　**ウ** 約36 g　**エ** 約39 g

☑ (3) ホウ酸は，20 ℃の水100 gに約何gとけるか。(2)の**ア**～**エ**から1つ選び，記号で答えなさい。〔　　　〕

☑ (4) 塩化ナトリウム20 gとホウ酸20 gをそれぞれ100 ℃の水100 gに入れて全部とかした。この水溶液の温度を20 ℃まで下げると，片方に結晶が出てきた。この結晶は何か。物質名を答えなさい。また，その結晶は何g出てきたか。(2)，(3)で選んだ数値を用いて答えなさい。

物質〔　　　　　　〕 結晶〔　　　　　　〕

得点アップアドバイス

2

(1) 砂糖の粒子（りゅうし）が一様に散らばっている状態になる。

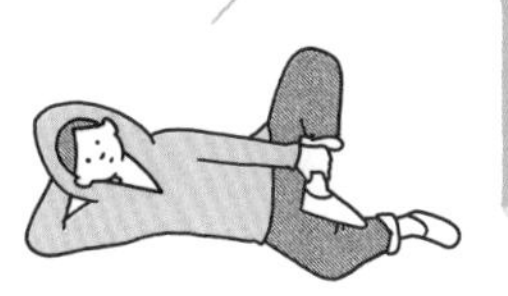

3

(4) グラフの20 ℃のときの溶解度を読みとる。20 ℃の水100 gに塩化ナトリウム20 gはすべてとけるが，ホウ酸20 gは全部はとけきれない。とけきれない分は結晶として出てくる。

実力完成問題

解答 別冊p.11

水に砂糖をとかして砂糖水をつくった。次の問いに答えなさい。

(1) 次の文の①，②に適する言葉を書きなさい。①　　　　②

砂糖水の砂糖のように，水にとけている物質を（　①　）といい，水のように（　①　）をとかす液体を（　②　）という。

(2) 砂糖の粒子を◯として，砂糖が水にとけたときのようすをモデルで表したものとして適切なものを右の図のア～ウから1つ選び，記号で答えなさい。

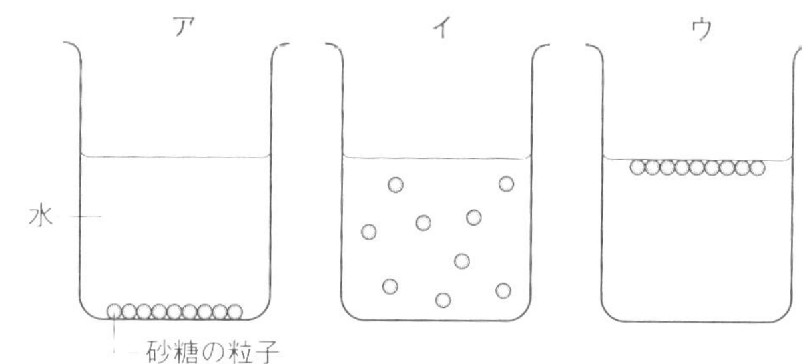

右の図は，ミョウバン，塩化ナトリウム，ホウ酸の溶解度と温度との関係を示したグラフである。次の問いに答えなさい。

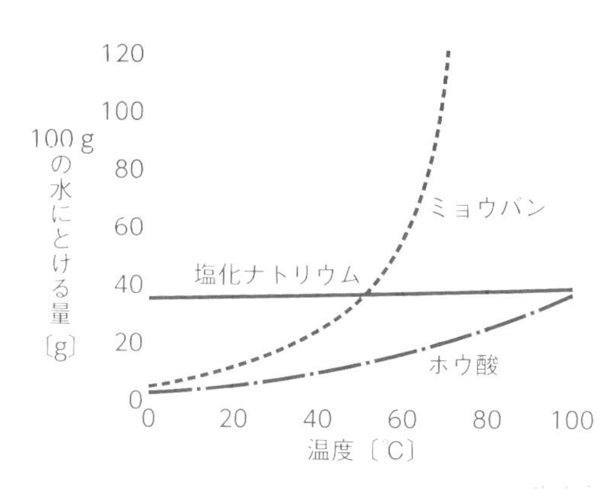

(1) この3種類の物質を，それぞれ60℃の水100gにとけるだけとかした水溶液をつくった。3種類の物質のうち，60℃の水100gに最も多くとける物質は何か。物質名を答えなさい。

✓よくでる (2) この3種類の物質20gを，それぞれ別の容器で80℃の水100gに完全にとかしたあと，60℃まで冷やした。このとき，結晶が出てきたのはどの物質をとかした水溶液か。また，その結晶は何g出てきたか。次のア～エから1つ選び，記号で答えなさい。　物質　　　　質量

ア 約5g　イ 約9g　ウ 約15g　エ 約19g

水溶液の濃度について，次の問いに答えなさい。

(1) 80gの水に20gの砂糖をとかしたとき，質量パーセント濃度は何%か。

(2) 20%の塩化ナトリウム水溶液を加熱して，水をすべて蒸発させると30gの塩化ナトリウムが残った。はじめにあった塩化ナトリウム水溶液は何gか。

(3) 12%の砂糖水200gに4%の砂糖水300gを混ぜ合わせると，何%になるか。

4 【出てきた固体とろ過】

ある固体がとけた水溶液を，図1のようにビーカーの水の中に入れて冷やしたら，試験管に固体が出てきた。次の問いに答えなさい。

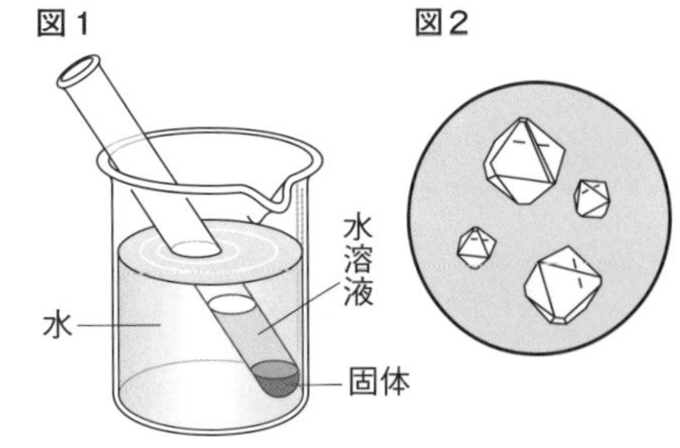

(1) **図2**は，出てきた固体を顕微鏡で観察したときのスケッチである。このように，いくつかの平面に囲まれた規則正しい形をしたものを何というか。〔　　　　〕

(2) **図2**のスケッチより，この固体は何と考えられるか。次の**ア**～**エ**から1つ選び，記号で答えなさい。〔　　〕

ア　硝酸カリウム
イ　硫酸銅
ウ　ミョウバン
エ　塩化ナトリウム

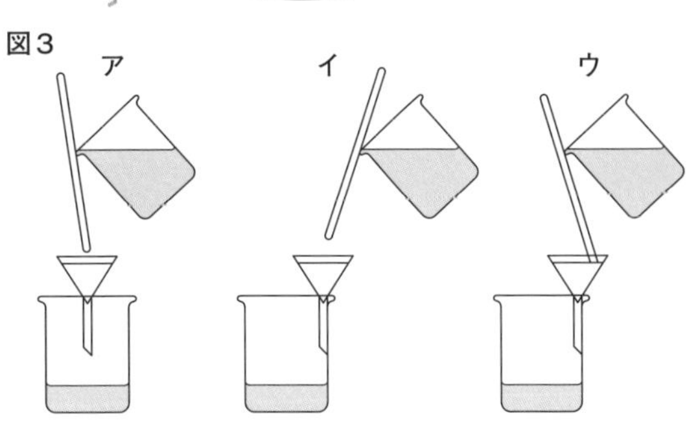

(3) 出てきた固体をとり出すためにろ過した。正しいろ過の方法を**図3**の**ア**～**ウ**から1つ選び，記号で答えなさい。〔　　〕

入試レベル問題に挑戦

5 【溶解度・濃度】

次の表は，塩化ナトリウムとホウ酸が，いろいろな温度で100gの水にとける限度の質量を示している。この表の値を用いて，あとの問いに答えなさい。答えは小数第1位まで求めなさい。

	0℃	20℃	40℃	60℃	80℃	100℃
塩化ナトリウム〔g〕	35.7	35.8	36.3	37.1	38.0	39.3
ホウ酸〔g〕	2.8	4.9	8.9	14.9	23.6	37.9

(1) 20℃で100gの水に，塩化ナトリウムを20g入れてよくかき混ぜたあと，温度を40℃に上げた。このときの塩化ナトリウム水溶液の質量パーセント濃度は何%になるか，求めなさい。〔　　　〕

(2) 80℃で100gの水にホウ酸をとかして飽和水溶液をつくった。この水溶液を20℃まで冷却すると，とけきれずに出てくるホウ酸の結晶は何gか，求めなさい。〔　　　〕

(3) 60℃のホウ酸の飽和水溶液100gを0℃まで冷却すると，とけきれずに出てくるホウ酸の結晶は何gか，求めなさい。〔　　　〕

ヒント

(3) 60℃の水100gにとかしたときのホウ酸の飽和水溶液は，100＋14.9＝114.9より114.9gになる。114.9gの飽和水溶液からは0℃まで冷却したとき14.9－2.8＝12.1より12.1gのホウ酸が出てくる。

5 状態変化

ニューコース参考書
中1理科

攻略のコツ 融点，沸点のグラフの読みとり，蒸留の実験がよく出題される！

テストに出る！ 重要ポイント

状態変化（じょうたいへんか）

状態変化…温度などの変化によって，物質（ぶっしつ）の状態（**固体・液体・気体**）が変わること。

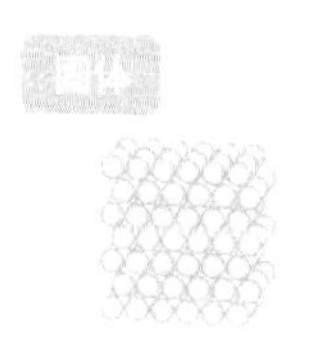

加熱
冷却

加熱
冷却

状態変化によって体積は変化するが，質量（しつりょう）は変化しない。

融点と沸点（ゆうてん・ふってん）

❶ **融点**…固体がとけて，液体になるときの温度。
❷ **沸点**…液体が沸騰（ふっとう）するときの温度。
❸ **純物質と混合物**（じゅんぶっしつ・こんごうぶつ）…純物質（純粋な物質）は一定の融点と沸点をもつが，混合物は一定ではない。

蒸留（じょうりゅう）

液体を加熱し，出てくる気体を冷やして再び液体にする操作。

Step 1 基礎力チェック問題

解答 別冊p.12

1 次の　　　　にあてはまるものを選ぶか，あてはまる言葉を書きなさい。

(1) 物質が温度によって固体，液体，気体とすがたを変えることを　　　　　　という。

(2) 物質が状態変化するとき，体積は［ 変化する　変化しない ］が，質量は［ 変化する　変化しない ］。

(3) 物質をつくっている粒子（りゅうし）と粒子の間隔（かんかく）がせまく，規則正しく並んでいるときの物質の状態は，［ 固体　液体　気体 ］である。

(4) 固体の物質がとけて液体になるときの温度を　　　　　　という。

(5) 液体の物質が沸騰して気体になるときの温度を　　　　　　という。

(6) 液体を沸騰させ，出てくる気体を冷やして再び液体にしてとり出す操作を　　　　　　という。

(7) 水とエタノールの混合物を加熱して，(6)の操作をしたとき，はじめに得られる液体は，［ 水　エタノール ］を多くふくんでいる。

得点アップアドバイス

1

(2) 物質をつくっている粒子は，温度によって集まり方や運動のようすがちがうが，粒子の数は変化しない

(4)(5) 純物質の融点や沸点は一定の値を示すが，混合物は一定ではない。

(7) 水の沸点は100℃，エタノールの沸点は約78℃である

2 【エタノールの状態変化】

右の図のように，少量のエタノールをポリエチレンの袋に入れ，それに熱湯をかけたところ，袋はふくらんだ。次の問いに答えなさい。

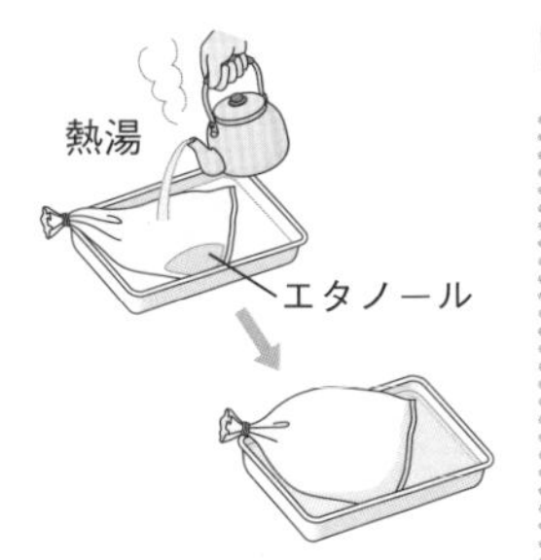

☑(1) 袋がふくらんだときのエタノールをつくる粒子のようすで，適切なものを次の**ア**～**ウ**から1つ選び，記号で答えなさい。〔　　〕

ア
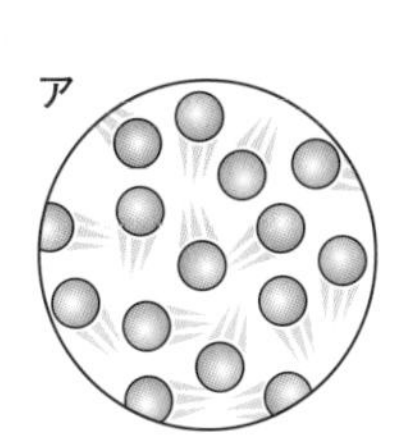

イ
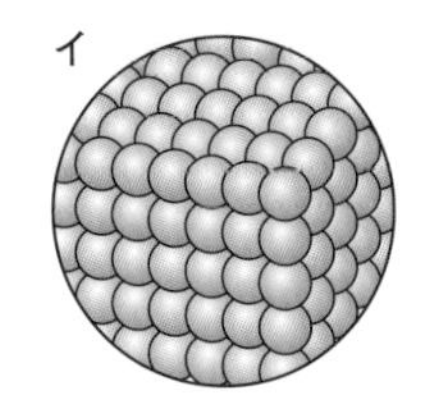

ウ
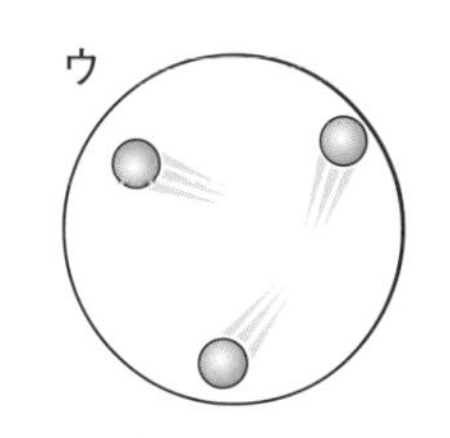

☑(2) このときの変化は，次の**ア**～**ウ**のどれか。1つ選び，記号で答えなさい。〔　　〕

ア 物質の質量，体積がともに変わる変化である。
イ 物質の状態が変化するもので，質量は変わらない。
ウ 物質そのものが変化し，物質の状態も変わる変化である。

3 【純物質の状態変化と温度】

ある純物質を試験管に入れて，ゆっくり加熱した。このときの時間と温度の関係を調べると，右のグラフのようになった。次の問いに答えなさい。

温度〔℃〕
時間〔分〕

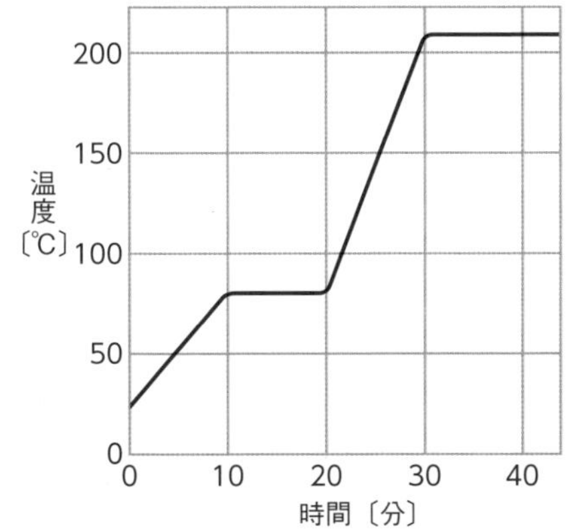

☑(1) この物質の融点と沸点は，それぞれおよそ何℃か。次の**ア**～**エ**から適するものを1つずつ選び，記号で答えなさい。　融点〔　　〕　沸点〔　　〕

ア 25℃　**イ** 80℃　**ウ** 100℃　**エ** 210℃

☑(2) この物質がすべて液体になったのは，加熱を始めてから約何分後か。〔　　〕

☑(3) 加熱を始めてから10分から20分の間の状態について，適するものを次の**ア**～**ウ**から1つ選び，記号で答えなさい。〔　　〕

ア 固体の状態
イ 液体の状態
ウ 固体と液体の混じった状態

得点アップアドバイス

2

粒子は，温度が上昇すると，徐々にたがいの結びつきが弱くなり，自由に動き回れるようになるよ。

(2) 状態変化は，物質をつくる粒子の集まり方が変化するが，粒子そのものや数は変化しない。

3

復習 純物質（純粋な物質）
純物質とは1種類の物質からできているもののことをいう。

(1) 純物質の融点や沸点は一定の値を示す。

(2) 沸点や融点では，加えられた熱が状態変化のために使われるため，すべての物質の状態が変化するまでは温度が一定である。

実力完成問題

解答 別冊p.12

ろうや水が状態変化したときの体積や質量について，次の問いに答えなさい。

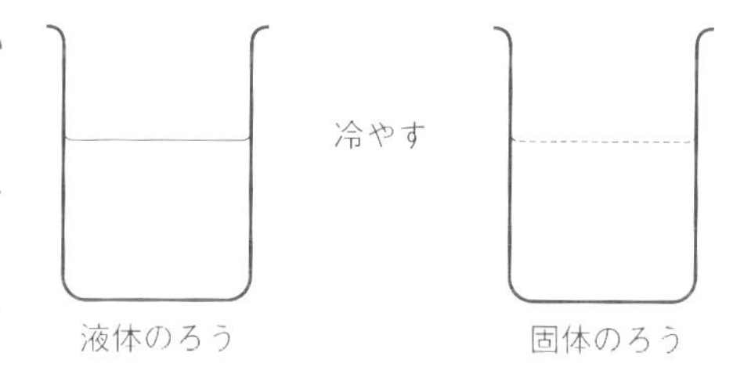

✓よくでる (1) 右の図のように，液体のろうをビーカーに入れ，冷やして固体にした。このとき，固体のろうの表面はどのようになるか。図にかき入れなさい。

(2) ろうが液体から固体になったとき，全体の質量はどうなるか。次のア～ウから1つ選び，記号で答えなさい。

ア 質量はふえる。　イ 質量は変わらない。　ウ 質量は減る。

ミス注意 (3) ろうと水が固体，液体，気体に変化するとき，密度が最も大きいときの状態はそれぞれ何か。　ろう　水

図1は，ナフタレンを加熱したときの温度変化を調べる実験を示したものである。ナフタレンを入れた試験管をビーカー内の水につけて加熱し，1分ごとにナフタレンの温度をはかった。図2は，その結果をグラフで示したものである。次の問いに答えなさい。

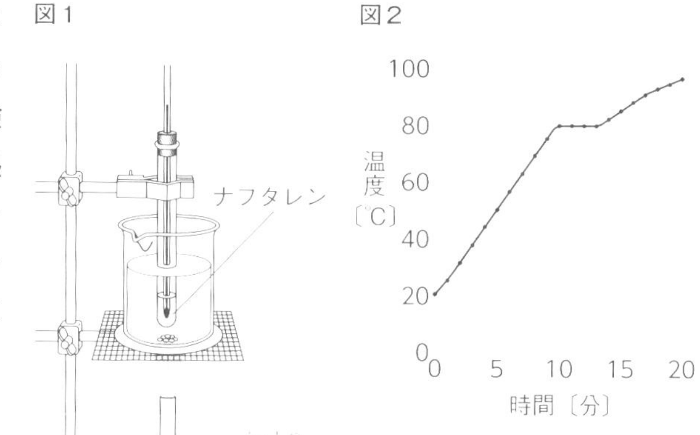

(1) ナフタレンを加熱したところ，固体から液体に変化した。このように，加熱された物質が固体から液体に変化するときの温度のことを何というか。

✓よくでる (2) 次のア～エの中で，固体と液体のナフタレンが混じっている状態はどれか。1つ選び，記号で答えなさい。

ア 加熱を始めてから2分後の状態
イ 加熱を始めてから7分後の状態
ウ 加熱を始めてから12分後の状態
エ 加熱を始めてから17分後の状態

ミス注意 (3) ナフタレンの量を多くして，同じ条件で加熱すると，(1)の温度はどうなるか。次のア～ウから1つ選び，記号で答えなさい。

ア 高くなる。　イ 低くなる。　ウ 変わらない。

(4) 実験で用いたナフタレンは純物質か，混合物か。

3 【混合液の加熱】

図1のような装置で，水とエタノールを1：1の体積比で混合した液を熱した。図2はこのときの加熱時間と温度との関係を表したものである。次の問いに答えなさい。

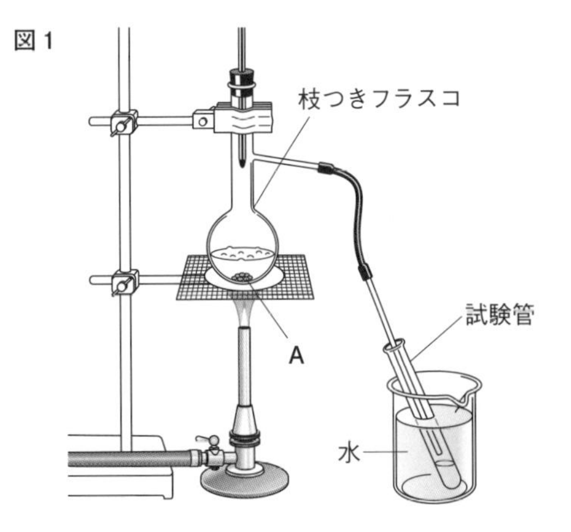

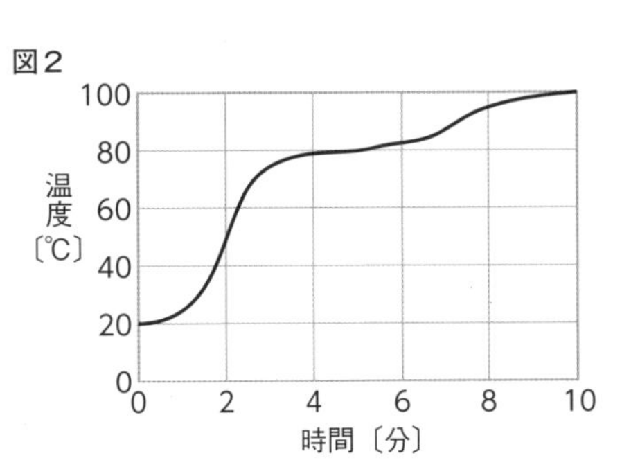

(1) 急激な沸騰(ふっとう)を防ぐために入れる図1の**A**のようなものを何というか。〔　　　〕

よくでる (2) 熱し始めてから5分後に，試験管にたまった液体はどんな液体か。次の**ア**～**オ**から1つ選び，記号で答えなさい。〔　　　〕

ア　純粋な水
イ　エタノールを多くふくむ液
ウ　純粋なエタノール
エ　水を多くふくむ液
オ　水とエタノールが体積比1：1で混じった液

(3) (2)のように考えた理由として適切なのはどれか。次の**ア**～**エ**から1つ選び，記号で答えなさい。〔　　　〕

ア　エタノールの方が融点(ゆうてん)が低いから。
イ　エタノールの方が融点が高いから。
ウ　エタノールの方が沸点(ふってん)が低いから。
エ　エタノールの方が沸点が高いから。

(4) この実験のように，液体を熱して出てきた気体を冷やして再び液体としてとり出す方法を何というか。〔　　　〕

入試レベル問題に挑戦

4 【状態変化】

右の表は，4種類の物質A，B，C，Dの融点(ゆうてん)と沸点(ふってん)を示したものである。これについて，次の問いに答えなさい。

	融点〔℃〕	沸点〔℃〕
A	－70	57
B	0	100
C	17	118
D	801	1413

(1) 常温（20℃）で，液体の状態である物質はどれか。あてはまるものをすべて選び，記号で答えなさい。〔　　　〕

(2) 110℃で，気体の状態である物質はどれか。あてはまるものをすべて選び，記号で答えなさい。〔　　　〕

ヒント

(1) 融点が20℃より低く，沸点が20℃より高い物質があてはまる。

定期テスト予想問題 ④

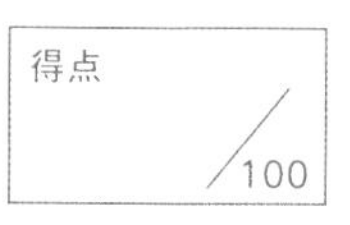

1 右のグラフは，A～Eの液体の物質(ぶっしつ)をゆっくりと加熱したときの温度変化を表している。次の問いに答えなさい。

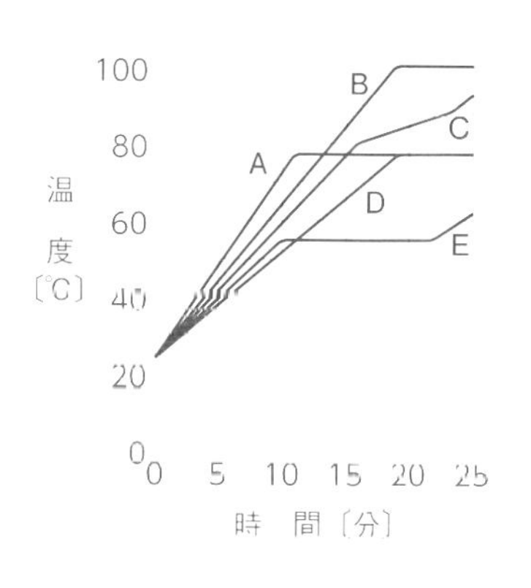

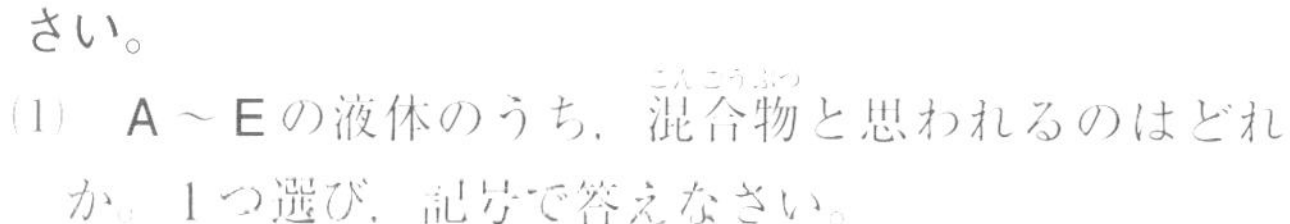

(1) A～Eの液体のうち，混合物(こんごうぶつ)と思われるのはどれか。1つ選び，記号で答えなさい。

(2) Eの液体の沸点(ふってん)は，約何℃か。

(3) A～Eの液体のうち，同じ物質なのはどれとどれか。記号で答えなさい。

(1)　　(2)　　(3)　　と

2 右のグラフは，水100gにとける物質の量が，温度によってどのように変化するかを表したものである。これについて，次の問いに答えなさい。

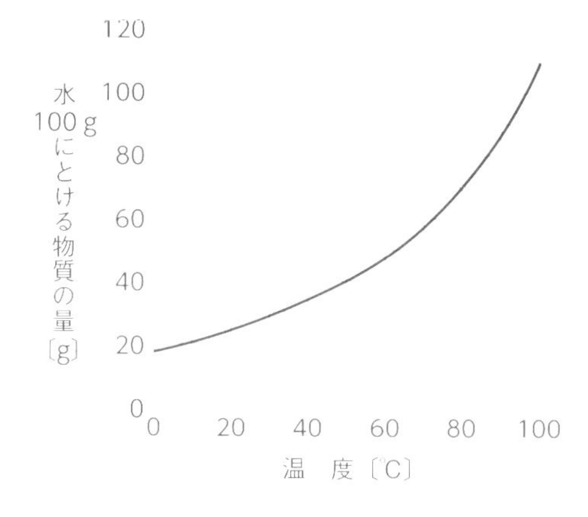

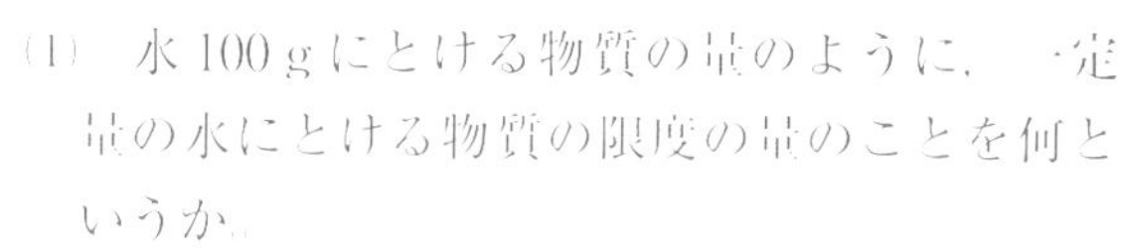

(1) 水100gにとける物質の量のように，一定量の水にとける物質の限度の量のことを何というか。

(2) 物質をもうそれ以上とけない量だけとかしている水溶液(すいようえき)を何というか。

(3) 80℃の水100gにこの物質をとかすと，約何gまでとかすことができるか。

(4) 80℃の水100gに，この物質を40gとかした水溶液がある。この水溶液を冷やしていったとき，物質が固体となって出てくるのは，約何℃以下になったときか。

(1)　　(2)

(3)　　(4)

3 砂糖水について，次の問いに答えなさい。

(1) 次の文の［ a ］，［ b ］にあてはまる言葉を答えなさい。

砂糖のように，液体にとけているものを［ a ］，［ a ］をとかす液体を［ b ］という。

(2) 砂糖水のモデルとして正しいのは，**図1**の**A**～**C**のどれか。記号で答えなさい。

(3) (2)の理由として正しいものを次の**ア**～**ウ**から1つ選び，記号で答えなさい。

ア 砂糖の粒子(りゅうし)は重いので，下部の方にたくさん集まる。

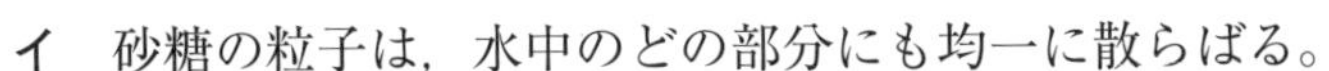

イ 砂糖の粒子は，水中のどの部分にも均一に散らばる。

ウ 砂糖の粒子は，大きい粒子や小さい粒子に分かれる。

図1

A　B　C

砂糖の粒子

図2

ゴム栓

試験管

砂糖水

(4) **図2**のように，砂糖水を試験管に入れ，ゴム栓(せん)をして長い時間放置しておくと，液の濃(こ)さはどうなるか。次の**ア**～**エ**から1つ選び，記号で答えなさい。

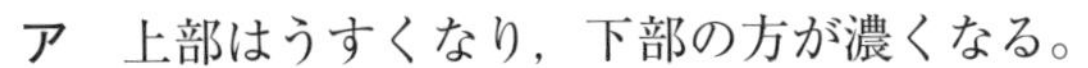

ア 上部はうすくなり，下部の方が濃くなる。

イ 全体がうすくなっていく。

ウ 全体が濃くなっていく。

エ 全体の濃さは変わらない。

(5) 水 340 g に砂糖が 60 g とけた砂糖水がある。この砂糖水の質量(しつりょう)パーセント濃度(のうど)を求めなさい。

(6) (5)の砂糖水の質量パーセント濃度を 10%にするためには，水を何 g 加えればよいか。

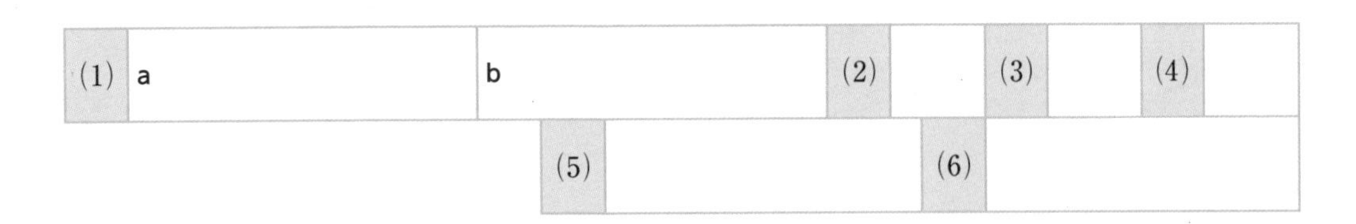

(1)	a	b	(2)		(3)		(4)	
		(5)		(6)				

4 塩化ナトリウムと硝酸(しょうさん)カリウムそれぞれ 3 g を水 10 g に入れて加熱してとかし，冷却(れいきゃく)していったところ，片方の容器の底に白色の結晶(けっしょう)が出てきた。これについて，次の問いに答えなさい。

【3点×4】

(1) 結晶が見られた方の液をろ過したとき，ろ紙に残る白色の結晶は何の結晶か。

(2) (1)の結晶はどのような形をしているか。右の図の**ア**～**エ**から1つ選び，記号で答えなさい。

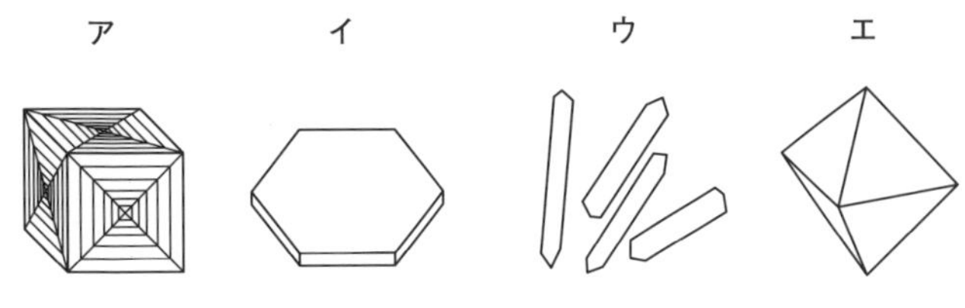

(3) 冷却しても結晶が見られなかった方の液を蒸発させたところ，容器には白色の結晶が出てきた。この物質は何か。

(4) (3)の結晶の形を図の**ア**～**エ**から1つ選び，記号で答えなさい。

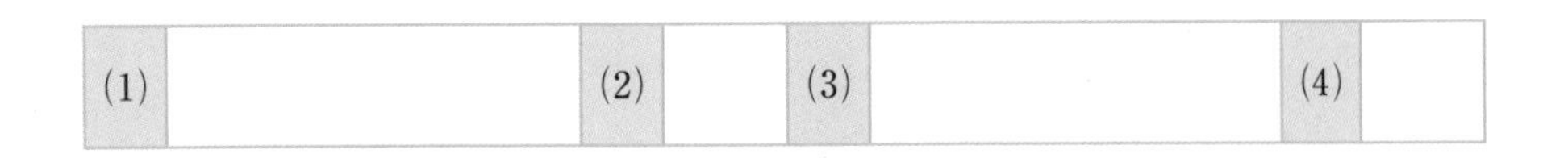

(1)		(2)		(3)		(4)	

5 右のグラフは，物質A，Bの各温度における水100gに対する溶解度を示している。これについて，次の問いに答えなさい。

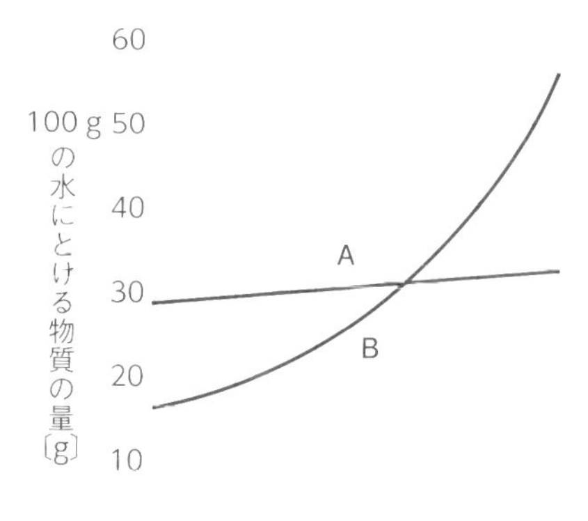

(1) 80℃の水200gには，物質A，Bのどちらが多くとけるか。また，その物質は何gまでとかすことができるか。次のア～エから1つ選び，記号で答えなさい。

ア　32g　　イ　40g　　ウ　66g　　エ　80g

(2) 物質AとBを溶解度までとかした水溶液から結晶をとり出したい。水溶液を冷やす方法が適していないのは，A，Bのどちらか。

(3) 水溶液から結晶をとり出すろ過の操作として適切なものを，次のア～エから1つ選び，記号で答えなさい。

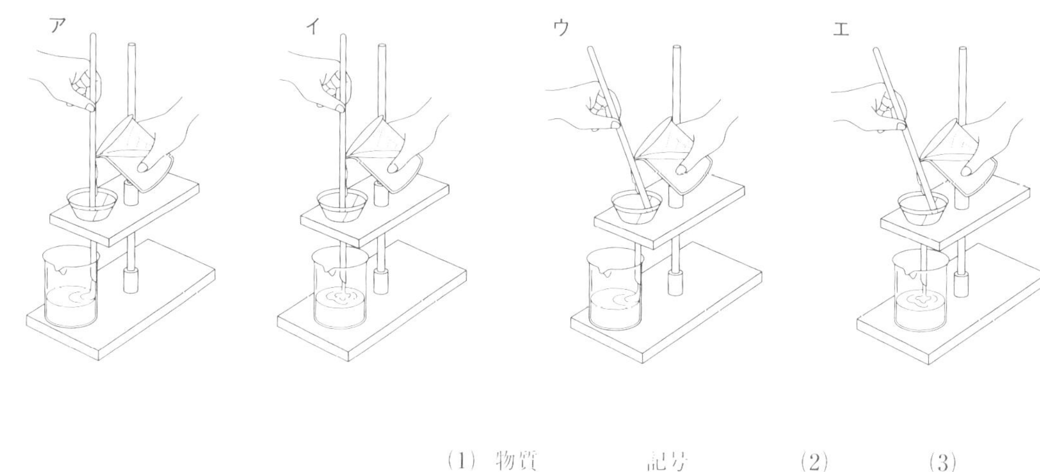

(1) 物質　　　記号　　　(2)　　　(3)

6 右の図は，物質を熱したり冷やしたりすると，固体，液体，気体と状態が移り変わることを矢印を使って示したものである。次の問いに答えなさい。

気体
A
B
C
D
E
F
固体
液体

(1) 状態がこのように移り変わることを何というか。

(2) 図の矢印A～Fの中で，加熱したときの変化を表しているものをすべて選び，記号で答えなさい。

(3) 状態が移り変わるときに変化するものを，次のア～ウからすべて選び，記号で答えなさい。

ア　密度　　イ　体積　　ウ　質量

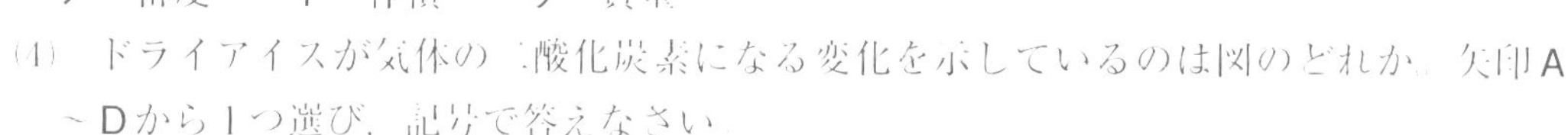

(4) ドライアイスが気体の二酸化炭素になる変化を示しているのは図のどれか。矢印A～Dから1つ選び，記号で答えなさい。

(1)　　　(2)　　　(3)　　　(4)

7 図１のような装置で純粋(じゅんすい)な液体Ａと純粋な液体Ｂを用いて，次の実験を行った。ただし，実験を行ったときの条件は同じであった。これについて，あとの問いに答えなさい。

【4点×5】

〈実験１〉 純粋な液体Ａを丸底フラスコに 30 cm^3 入れ，加熱したときの気体の温度と時間の関係を調べた。
〈実験２〉 純粋な液体Ａと純粋な液体Ｂを丸底フラスコに 15 cm^3 ずつ入れ，実験１と同様の実験を行った。
〈実験３〉 純粋な液体Ａを丸底フラスコに 45 cm^3 入れ，実験１と同様の実験を行った。
図２は，実験１と実験２の気体の温度と加熱時間との関係をグラフに表したものである。

図１

温度計
ガラス管
試験管
沸騰石
冷たい水

図２

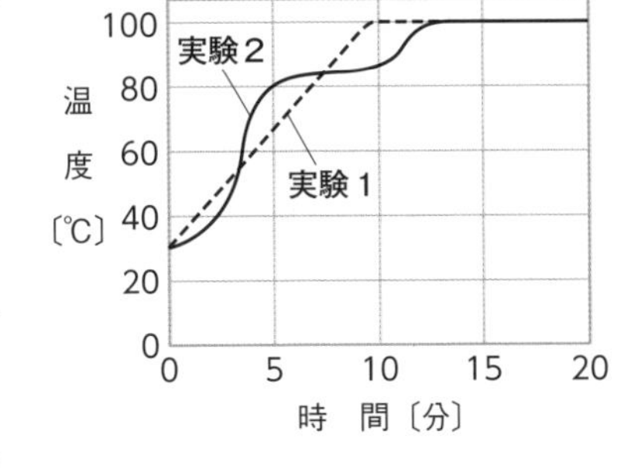

(1) 実験１の結果を表した**図２**のグラフのように，純粋な液体Ａが沸騰(ふっとう)しているとき，加熱し続けても温度が変化しない。この温度を液体Ａの何というか。

(2) 実験２で，加熱し始めてから，①５分から10分までの間と，②15分から20分までの間に，出てきたそれぞれの気体を冷やしてとり出した液体は何か。次の**ア**～**オ**からそれぞれ選び，記号で答えなさい。

ア　液体Ａ　　**イ**　液体Ｂ
ウ　同量の液体Ａと液体Ｂ
エ　液体Ａと少量の液体Ｂ
オ　液体Ｂと少量の液体Ａ

(3) 実験３の結果を表すグラフを，次の**ア**～**エ**から１つ選び，記号で答えなさい。

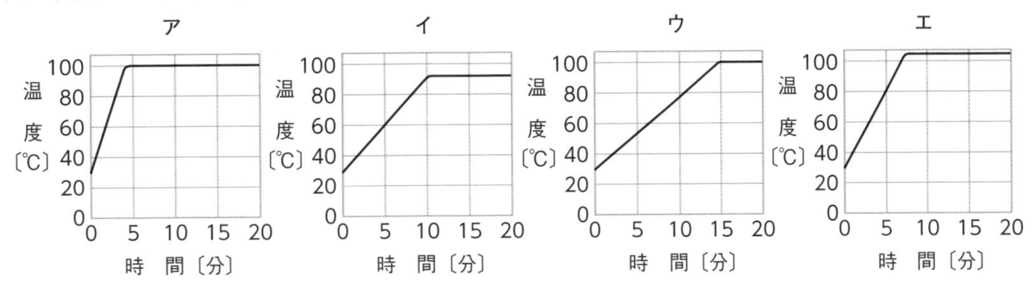

(4) この実験で，火を消す前にガラス管を試験管からぬいておく必要がある。その理由を簡潔に書きなさい。

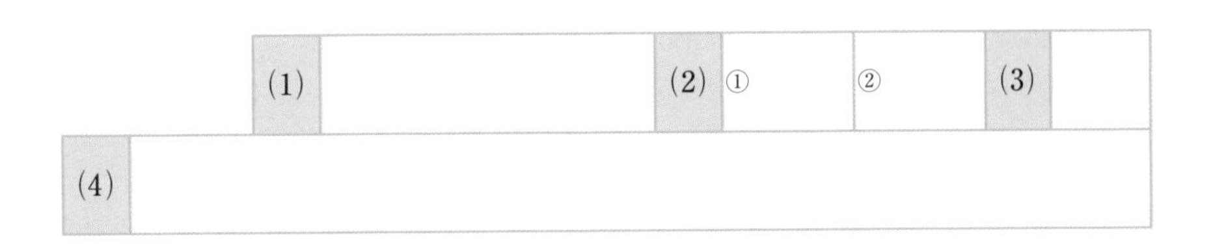

(1)		(2)	①	②	(3)	
(4)						

1 光の性質

ニューコース参考書
中1理科

攻略のコツ 物体の位置と凸レンズでできる像の関係がよく問われる！

テストに出る！ 重要ポイント

光の反射

光が物体の表面ではね返る現象。このとき，**入射角＝反射角**の関係が成り立つ（光の反射の法則）。

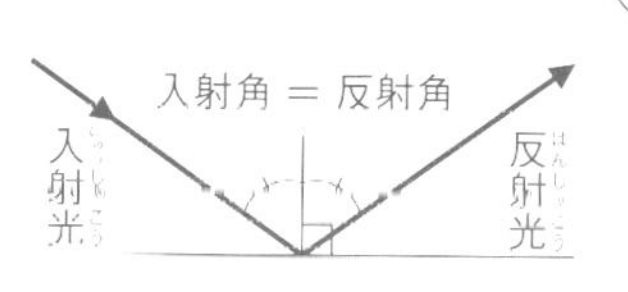

光の屈折

❶ **屈折**…光が，ある物質から種類のちがう物質にななめに進むとき，その境界面で曲がって進むこと。
空気→水へ進むとき…**入射角＞屈折角**
水→空気へ進むとき…**入射角＜屈折角**

❷ **全反射**…光が物質の境界面ですべて反射する現象。

凸レンズによってできる像

❶ **焦点**…光軸に平行な光が凸レンズを通過後に集まる点。
❷ **実像**…実際に光が集まってできる，物体と上下・左右が逆向きの像。物体が焦点の**外側**にあるときにできる。
❸ **虚像**…凸レンズを通して見える，物体と同じ向きの像。光は集まっていない。物体が焦点の**内側**にあるときに見える。

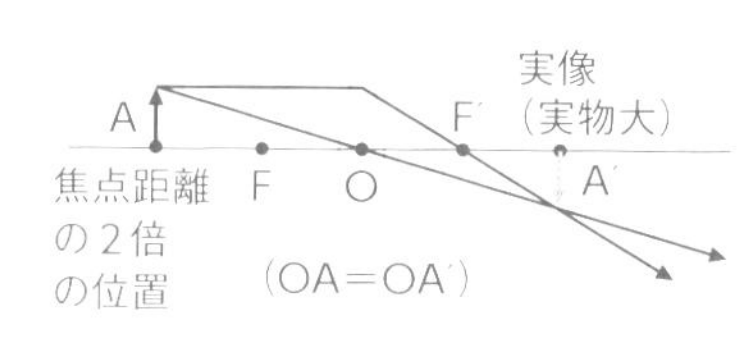

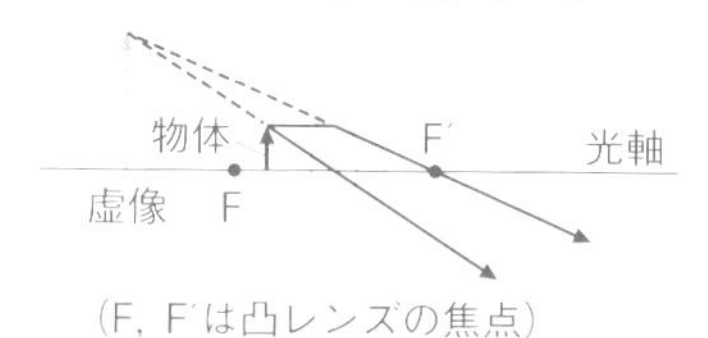

（F，F'は凸レンズの焦点）

Step 1 基礎力チェック問題

解答 別冊p.14

1 次の　　　にあてはまるものを選ぶか，あてはまる言葉を書きなさい。

(1) 光が反射するとき，入射角と反射角は〔等しい　異なる〕。
(2) 水中から空気中に光が進むとき，光が折れ曲がって進む現象を光の　　　という。このとき，屈折角は入射角より〔小さい　大きい〕。
(3) (2)のとき，入射角がある角度以上になると　　　が起きる。
(4) 物体を凸レンズの焦点の外側に置くと，スクリーンに物体と〔同じ向き　上下・左右が反対向き〕の〔実像　虚像〕ができる。
(5) 物体を凸レンズの焦点の内側に置くと，凸レンズを通して物体と〔同じ向き　上下・左右が反対向き〕の〔実像　虚像〕が見える。

得点アップアドバイス

1

(3) すべての光が反射し，空気中に出なくなる現象である。

(5) 虫眼鏡で拡大されて見える像である。

2 【光の反射】

スリット（細いすきま）を通った光が，図のように鏡に当たったときについて，次の問いに答えなさい。

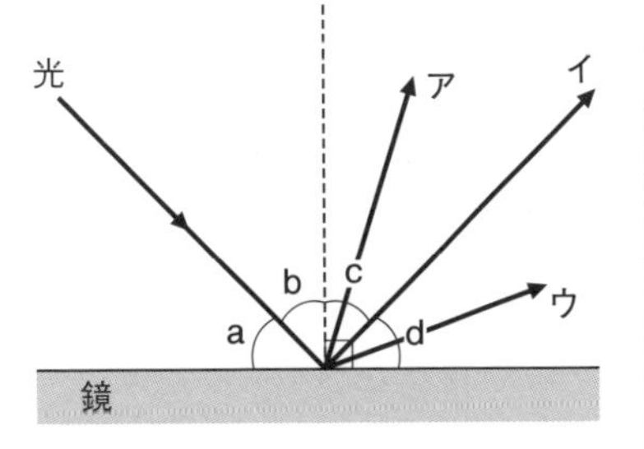

(1) 入射角とはどの角か。図中のa～dから選び，記号で答えなさい。
〔　　〕

(2) 反射角とはどの角か。図中のa～dから選び，記号で答えなさい。
〔　　〕

(3) 光が反射したあとに進む光はどれか。図中のア～ウから選び，記号で答えなさい。
〔　　〕

(4) 入射角と反射角の大きさにはどのような関係があるか。等号・不等号で答えなさい。
〔入射角　　反射角〕

3 【光の屈折】

右の図は，光A，Bが水中から空気中に進んでいくときのようすを示したものである。これについて，次の問いに答えなさい。

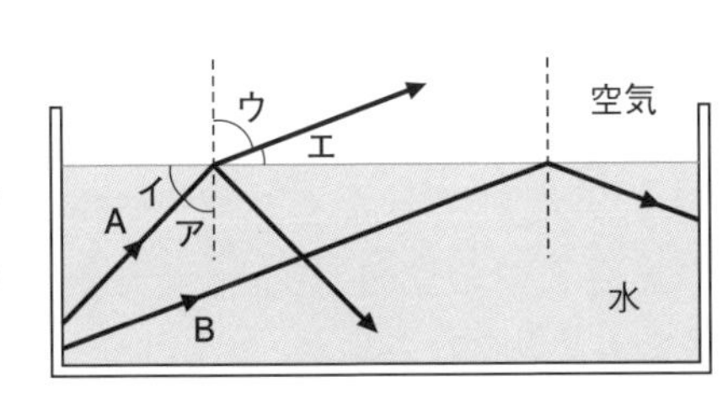

(1) 入射角，屈折角はどれか。図中のア～エからそれぞれ選び，記号で答えなさい。
入射角〔　　〕 屈折角〔　　〕

(2) 入射角と屈折角は，どちらが大きいか。
〔　　〕

(3) アの角が光Bのように大きくなると，光は水面ですべて反射されてしまい，空気中には出なくなる。このような光の進み方を何というか。
〔　　〕

4 【凸レンズによってできる像】

下の図は，物体のP点から出た光が凸レンズで屈折して進むようすを示したものである。P点から出た光がレンズの中心Oを通る光線をかき，このときにできる物体の像を矢印をつけて作図しなさい。ただし，F，F′はこの凸レンズの焦点を示している。

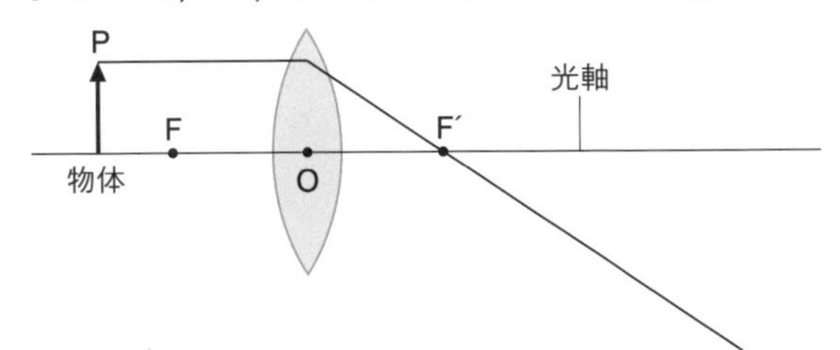

得点アップアドバイス

(1) 鏡の面に垂直な線と入射光とがなす角である。

(2) 鏡の面に垂直な線と反射光とがなす角である。

(4) この関係を光の反射の法則という。

光が，ある物質から種類のちがう物質にななめに進むとき，その境界面で曲がって進む。

(3)の性質を利用したものに，光ファイバーなどがあるよ。

4

凸レンズの中心を通る光線を使って作図する。凸レンズの中心を通る光線は，凸レンズを通過後そのまま直進する。

実力完成問題

解答 別冊p.14

1 【光の進み方】

下の図①～④に示す光の進み方の中で，正しい光の進み方を示したものを，それぞれア～エから選び，記号で答えなさい。

① [ ] ② [ ] ③ [ ] ④ [ ]

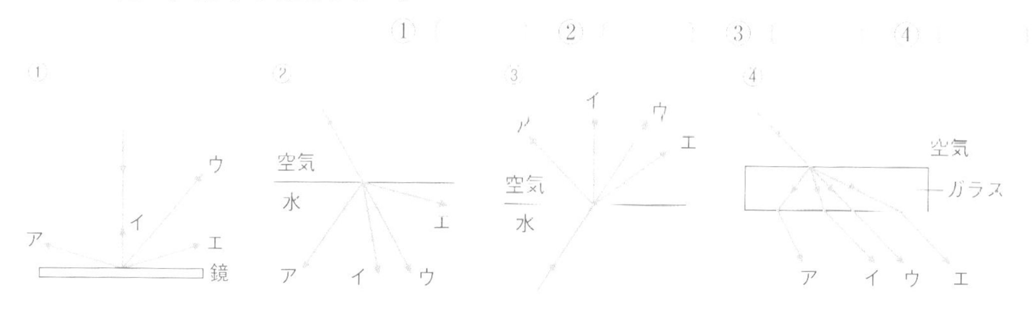

2 【凸レンズ】

凸(とつ)レンズによってできる像(ぞう)について，次の問いに答えなさい。

(1) 右の図のような位置に，物体(ぶったい)，凸レンズ，スクリーンを置いたとき，スクリーンに実像(じつぞう)ができた。この凸レンズの焦点(しょうてん)2つを作図により求め，焦点を・でかきなさい。作図に使った線は消さないこと。

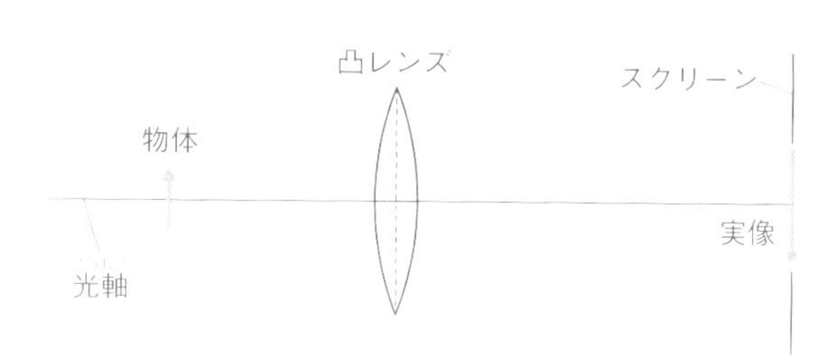

✓よくでる (2) 図の物体を焦点から遠ざけると，像の大きさと，像がはっきりうつるときのスクリーンの位置は，図のときと比べてどうなるか。それぞれについて，次のア～ウから1つずつ選び，記号で答えなさい。

像の大きさ [ ] スクリーンの位置 [ ]

〔像の大きさ〕

ア 大きくなる。　イ 小さくなる。　ウ 図と同じ大きさ。

〔スクリーンの位置〕

ア 凸レンズに近づく。　イ 凸レンズから遠ざかる。　ウ 図と同じ位置。

3 【光の反射と屈折】

右の図は，空気中から進んだ光が，一部は水面ではね返って進み，一部は水中に折れ曲がって進んだようすを示したものである。次の問いに答えなさい。

(1) 入射角(にゅうしゃかく)は図のア～オのどれか。記号で答えなさい。 [ ]

(2) 反射角(はんしゃかく)は図のア～オのどれか。記号で答えなさい。 [ ]

(3) (2)と等しい大きさの角を図のア～オから選び，記号で答えなさい。 [ ]

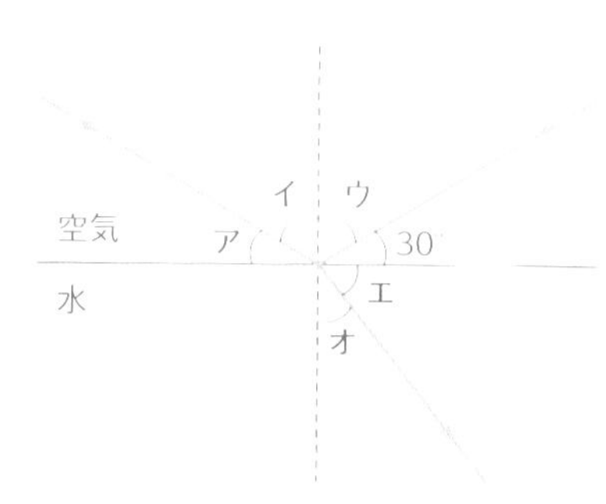

ミス注意 (4)　(1)は何度か。　〔　　　　　　〕

(5)　屈折角は図のア～オのどれか。記号で答えなさい。　〔　　　〕

(6)　屈折角の大きさは，入射角の大きさと比べて大きいか，小さいか。〔　　　　　　〕

4 【凸レンズによってできる像】

右の図のような装置で，焦点距離が 20 cm の凸レンズとろうそくの距離を変化させて，はっきりとした像ができるスクリーンの位置と像の大きさを調べた。次の問いに答えなさい。

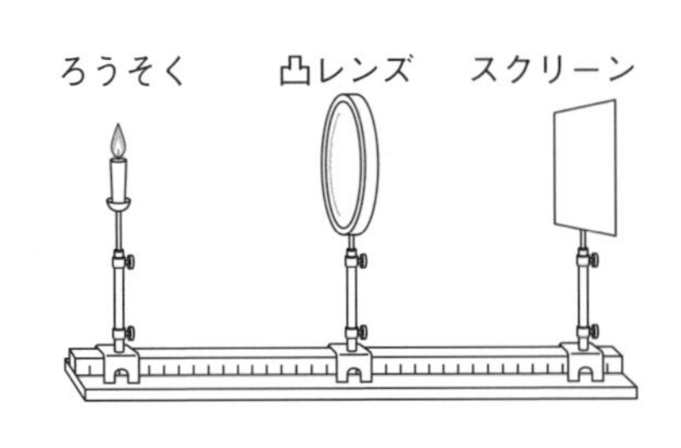

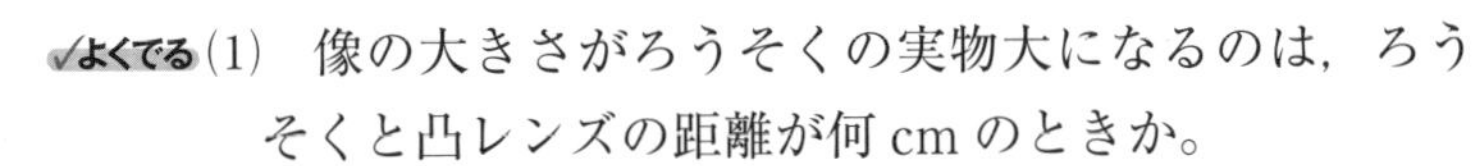

よくでる (1)　像の大きさがろうそくの実物大になるのは，ろうそくと凸レンズの距離が何 cm のときか。

〔　　　　　　〕

(2)　スクリーンに像ができなくなるのは，ろうそくと凸レンズの距離が何 cm 以下になったときか。　〔　　　　　　〕

(3)　(2)のとき，凸レンズを通してろうそくを見ると，大きなろうそくの像が見えた。この像を何というか。　〔　　　　　　〕

(4)　ろうそくと凸レンズの距離を① 30 cm にしたときにできる像と② 60 cm にしたときにできる像を比べたときの結果として正しいものを，次のア～ウから選び，記号で答えなさい。　〔　　　〕

ア　①の方が大きい。　　イ　②の方が大きい。　　ウ　①と②は同じ大きさ。

入試レベル問題に挑戦

5 【全身をうつす鏡】

右の図のように，身長が 160 cm の太郎さんが壁にとりつけられた鏡の前に立っている。壁の下端から太郎さんの足の先の位置までの距離は 2 m で壁は床に垂直に立っているものとする。また，太郎さんの目の位置は，足の先の真上で床から 150 cm の高さにあるとする。このとき，次の問いに答えなさい。ただし，鏡の厚さは考えなくてよい。

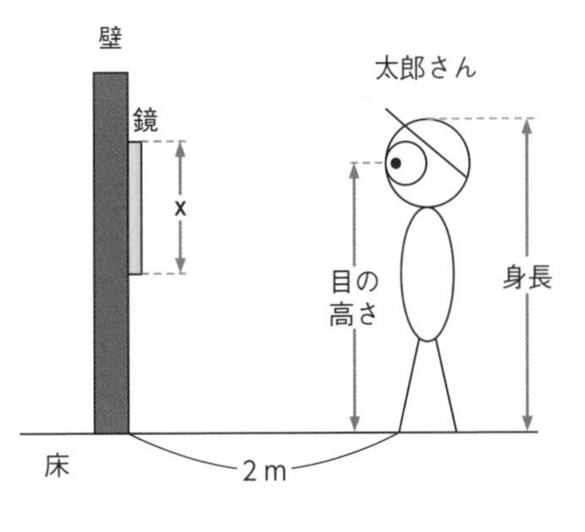

(1)　太郎さんが自分の全身の像を見るためには，鏡の縦方向の長さ（図の x）は何 cm 以上必要か。

〔　　　　　　〕

思考 (2)　太郎さんが鏡にうつった全身の像を見ているとき，壁の下端から太郎さんの足の先の位置までの距離を 4 m にした。このとき x はどうなるか。次のア～ウから選び，記号で答えなさい。

ア　大きくなる　　イ　小さくなる　　ウ　変わらない　〔　　　〕

ヒント

鏡からの距離が遠くなると，像の位置も遠くなる。像の位置はつねに実物と対称な位置。

2 音の性質

ニューコース参考書
中1理科

攻略のコツ 音の大小は振幅に関係し，音の高低は振動数に関係する！

テストに出る！ 重要ポイント

音の伝わり方

❶ 音と振動…音を出している物体（音源）は振動している。
❷ 音の伝わり方…音源の振動が波として，空気などの物体の中をあらゆる方向へ伝わる。真空中では音は伝わらない。
❸ 音の速さ…空気中では約 340 m/s（秒速 340 m）。

音の大きさ

❶ 振幅…音源の振動の振れ幅。
❷ 音源の振幅が大きいほど，音は大きい。

音の高さ

❶ 振動数…音源が1秒間に振動する回数。単位はヘルツ。
❷ 音源の振動数が多いほど，音は高い。

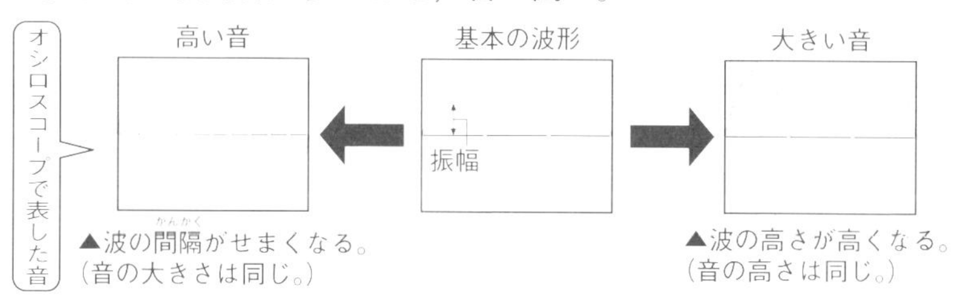

▲波の間隔がせまくなる。（音の大きさは同じ。）
▲波の高さが高くなる。（音の高さは同じ。）

Step 1 基礎力チェック問題

解答 別冊p.15

1 次の　　　にあてはまるものを選ぶか，あてはまる言葉や数を書きなさい。

(1) 音は，水や金属の中を［伝わる　伝わらない］。
(2) 空気中を伝わる音の速さが340 m/sのとき，稲光を見てから4秒後に雷の音を聞いたとすると，雷が発生した場所までの距離は［　　　］mである。
(3) 音源の振動の振れ幅を［　　　］という。
(4) 音源が1秒間に振動する回数を［　　　］という。
(5) 音の大きさは［振幅　振動数］によって決まる。
(6) 振動数が多いほど，音は［低くなる　高くなる］。
(7) モノコードの弦を強くはじくほど，音は［大きく　高く］聞こえる。
(8) モノコードの弦をはじくとき，他の条件が同じならば，弦の長さが短いほど，振動数は［少なくなる　多くなる］。

得点アップアドバイス

1

(1) 音は，空気などの気体中だけでなく，液体や固体中も伝わる。

✔ **音の速さ**

音源までの距離〔m〕＝音の速さ〔m/s〕×かかった時間〔s〕

(7) 弦を強くはじくと，振幅が大きくなる。
(8) 振動数を多くするには，次の3つの方法がある。
1 弦を短くする。
2 弦を細くする。
3 弦を強く張る。

2 【音の大小・高低】

右の図のような箱に弦を張り，指ではじいて音の大小・高低と弦の振動について調べた。これについて，次の問いに答えなさい。

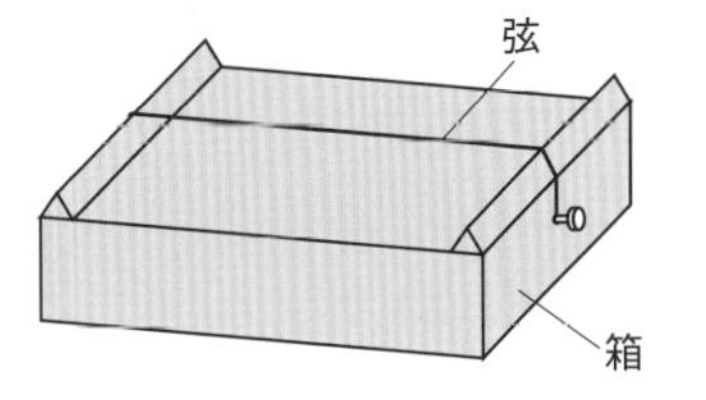

☑(1) 弦を強くはじいたとき，弦の振幅はどうなるか。

〔　　　　　　〕

☑(2) (1)のとき，出る音はどうなるか。次のア～エから１つ選び，記号で答えなさい。 〔　　〕

ア 低くなる　　　イ 高くなる。

ウ 小さくなる。　エ 大きくなる。

☑(3) 弦の張り方を強くしてはじいたとき，弦の振動数はどうなるか。

〔　　　　　　〕

☑(4) (3)のとき，出る音はどうなるか。(2)のア～エから１つ選び，記号で答えなさい。 〔　　〕

☑(5) (1)～(4)より，音の大小・高低は，弦の振幅，振動数のどちらと関係があるか。

音の大小〔　　　　　　〕

音の高低〔　　　　　　〕

2 ……………

(1) 振幅は，弦の振動の幅である。

振動数は，弦が１秒間に振動する回数のことだね。

3 【音の波形】

右の図は，オシロスコープで３つの音を調べたときのようすを表したものである。これについて，次の問いに答えなさい。

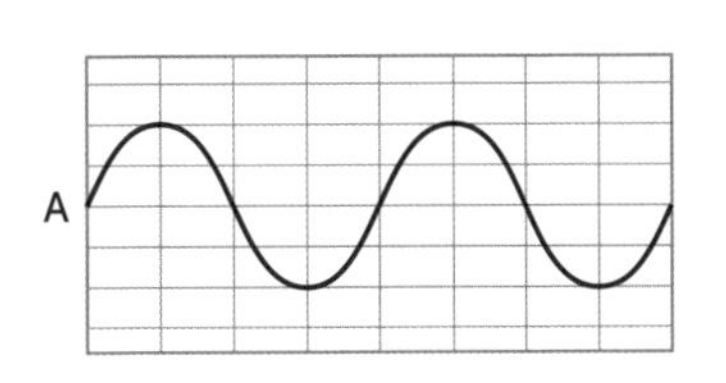

B

C

☑(1) 音の高さは同じで，音の大きさがちがうのは，A～Cのどれとどれか。

〔　　と　　〕

☑(2) (1)で，音の大きさが大きいのはどちらか。記号で答えなさい。

〔　　〕

☑(3) BとCでは音の何がちがうか。次のア～ウから選び，記号で答えなさい。

〔　　〕

ア 音の大きさがちがう。

イ 音の高さがちがう。

ウ 音の大きさも高さもちがう。

☑(4) これらの音の波形が，同じような張り方をした３つの弦をはじいたときのものであるとすると，はじき方が最も強いものはどれか。記号で答えなさい。 〔　　〕

3 ……………

(1) 振動数が同じで，振幅がちがうものを選ぶ。

(3) BとCを比べたとき，Cは振動数が少なく，振幅が小さい。

(4) 弦のはじき方を強くすると，振幅が大きくなる。

実力完成問題

解答 別冊p.15

1 【音の伝わり方】

右の図のように，同じおんさA，Bを用いて音の伝わり方を調べた。これについて，次の問いに答えなさい。

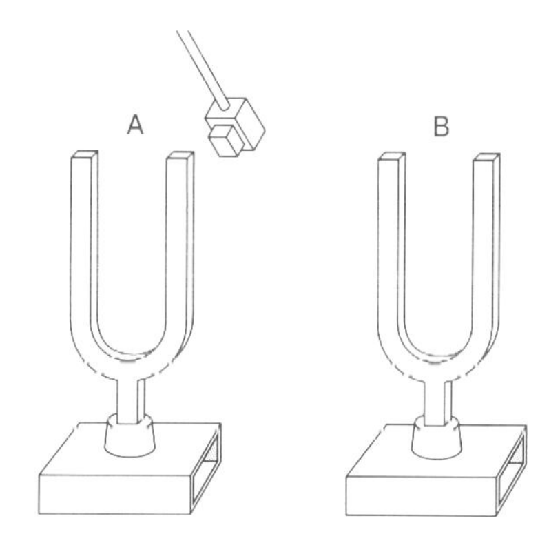

(1) Aのおんさをたたいて音を鳴らすと，Bのおんさはどうなるか。

(2) AとBの間に仕切りの板を置いて，(1)と同じ実験をすると，Bはどうなるか。

(3) (1)，(2)のような結果になったのは，何が音を伝えているためか。

(4) 音の出ているAのおんさを水中に入れた。音は水中を伝わるか，伝わらないか。

2 【音の速さ】

音の速さについて，次の問いに答えなさい。

✓よくでる (1) 花火が見えてから，3秒後にドンという音を聞いた。見ている場所から花火を打ち上げている場所までの距離（きょり）は何mか。ただし，空気中を伝わる音の速さは340 m/sとする。

(2) A地点でスターターを打ったとき，172 m離（はな）れたB地点でけむりが見えてから音が聞こえるまでの時間をはかったら，0.5秒だった。このとき，音が空気中を伝わる速さは何m/sか。

ミス注意 (3) 水面に浮（う）かんでいる船から海底に向かって音を出したところ，1.2秒後に反射音が聞こえた。海底の深さは何mか。ただし，水中を伝わる音の速さは1500 m/sとする。

3

右の図は，モノコードを使って，音の高低を調べているようすを示したものである。弦（げん）はすべて同じ太さである。矢印のところを同じ強さではじいたときについて，次の問いに答えなさい。ただし，おもり1個の重さはすべて同じものとする。

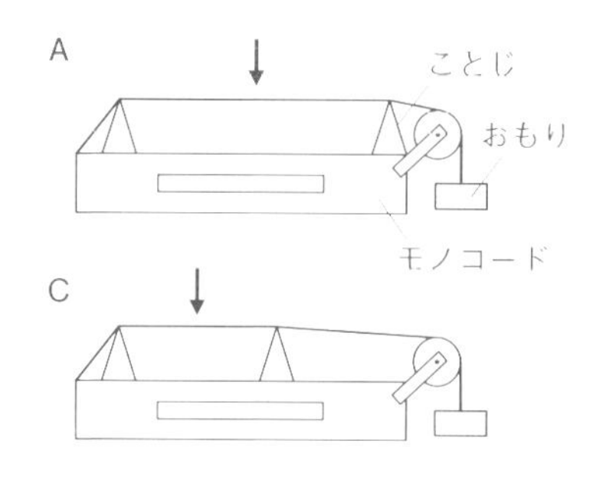

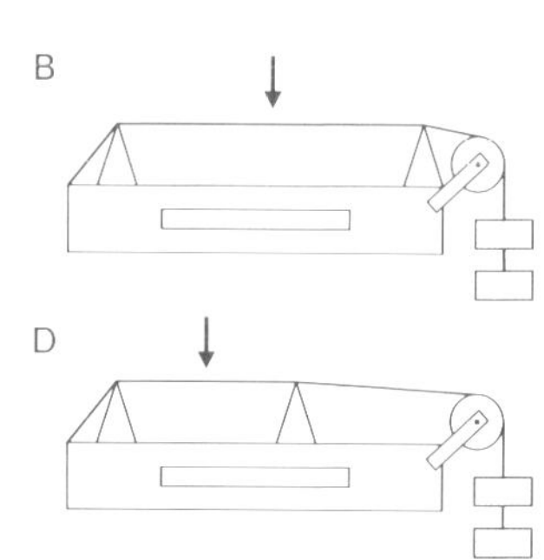

ミス注意 (1)　弦の振動数(しんどうすう)が最も少ないものをA～Dから1つ選び，記号で答えなさい。
〔　　〕

✓よくでる (2)　最も高い音が出るものをA～Dから1つ選び，記号で答えなさい。〔　　〕

(3)　(2)を選んだ理由を，次のア～エからすべて選び，記号で答えなさい。
〔　　〕

ア　弦が長い。　　イ　弦が短い。
ウ　弦の張り方が強い。　　エ　弦の張り方が弱い。

4

【音の波形の読みとり】

図はおんさA，おんさBを2回ずつ鳴らし，それぞれの音を，コンピュータの画面に表したものである。ただし，おんさAはおんさBより低い音が出る。これについて，次の問いに答えなさい。

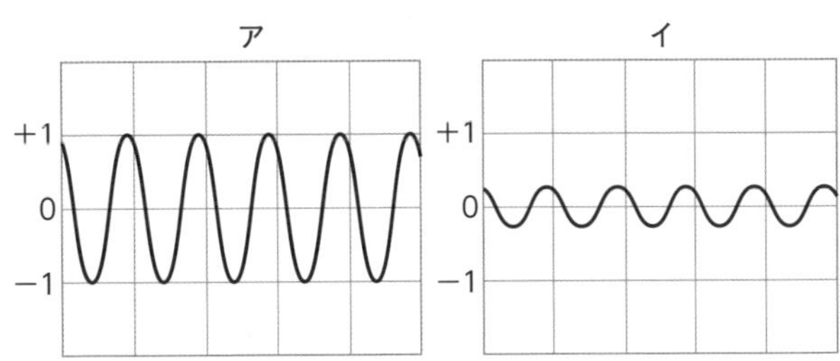

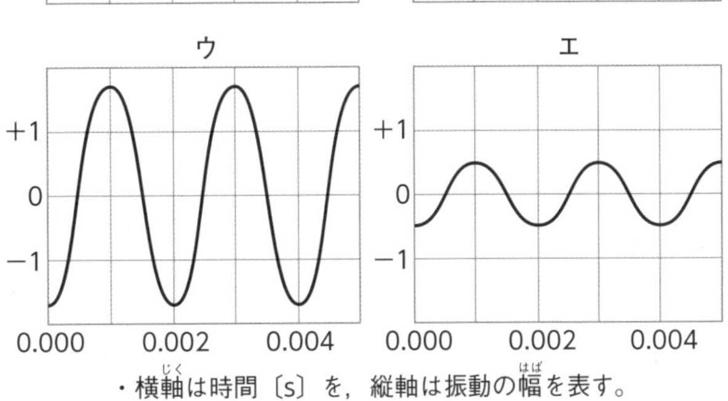

・横軸(じく)は時間〔s〕を，縦軸は振動の幅(はば)を表す。

✓よくでる (1)　最も大きい音を表しているものはどれか。図のア～エから1つ選び，記号で答えなさい。〔　　〕

思考 (2)　おんさAの音を表しているものはどれか。図のア～エの中から2つ選び，記号で答えなさい。
〔　　〕

入試レベル問題に挑戦

5

【音の波形と振動数】

右の図は，ある音源(おんげん)から出た音の波のようすをコンピュータの画面に表したものである。グラフの横軸は1目盛りが0.001秒の経過時間を表している。この音の振動数は何Hzか。

〔　　〕

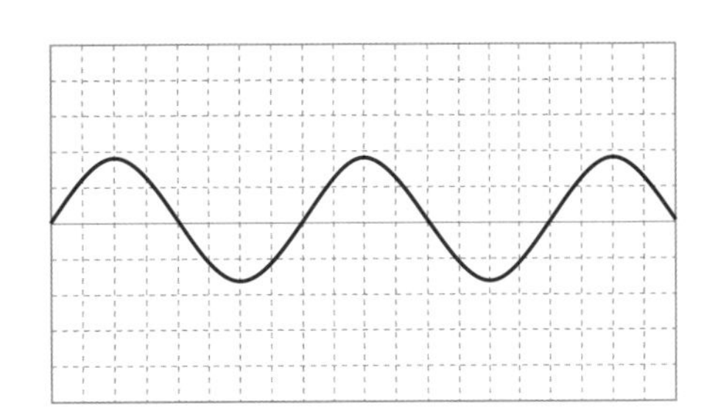

ヒント

グラフから，波の1回の振動は8目盛り分である。

定期テスト予想問題 ⑤

時間 50分
解答 別冊p.15

得点　　/100

1 光の反射と屈折について，次の問いに答えなさい。

(1) 次の文の①～③の（　）にあてはまる言葉を，下のア～オからそれぞれ1つずつ選び，記号で答えなさい。

光が金属のような表面がなめらかな面に当たると（　①　）が起こり，像がうつる。また，水やガラスのような透明な物質の中を光が通過するときには，その境界で（　②　）が起こる。

水やガラスなどの中を通ってきた光が空気中へ出ていこうとするとき，入射角がある大きさ以上になると，光はすべて反射され，空気中へは出ていかなくなる。これを（　③　）という。

ア　放射　　イ　全反射　　ウ　乱反射　　エ　屈折　　オ　反射

(2) 光が空気中から水中へ進むときの，光の進み方のようすを正しく表しているものはどれか。次のア～エから1つ選び，記号で答えなさい。

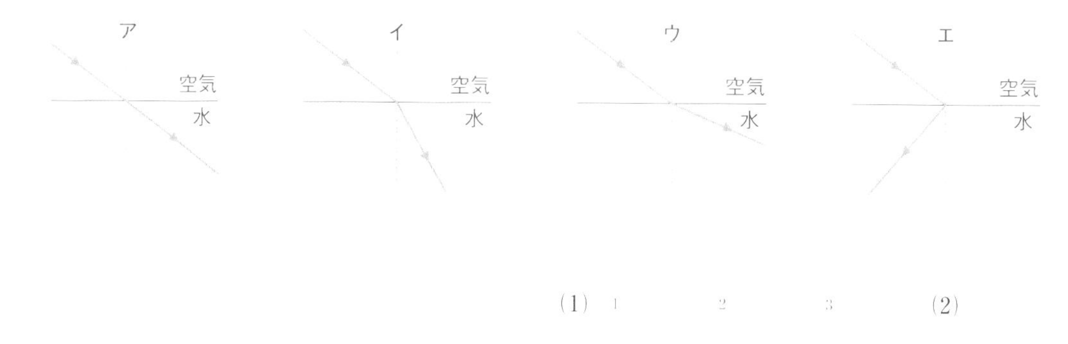

(1) 1　　2　　3　　(2)

2 右の図のように，凸レンズを点Oの位置に固定し，透明なガラスにGと書かれている物体を点A，B，C，Dの位置に順に置き，それぞれについてスクリーンを移動させて，スクリーンにどのような像ができるかを凸レンズ側から見て調べた。次の問いに答えなさい。ただし，点F_1，F_2は焦点を表し，スクリーンは光を通さないものとする。

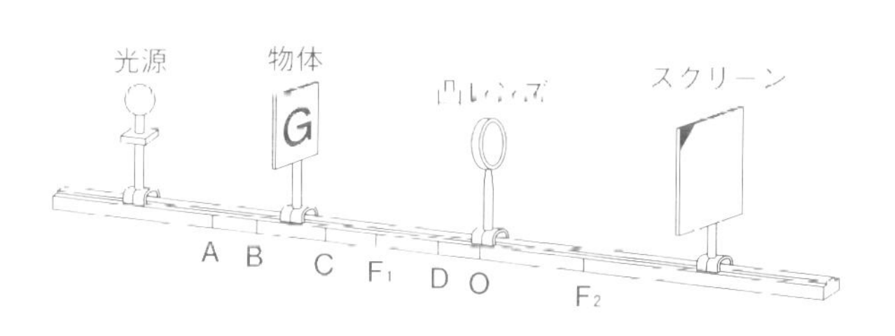

(1) 物体を点Bの位置に置いたとき，スクリーンにできる像を，右のア～エから1つ選び，記号で答えなさい。

(2) 物体を点A，B，Cの位置に置いたとき，スクリーンにできる像の大きさを比べると，どうなるか。次のア～エから1つ選び，記号で答えなさい。

ア　点Aのときの像がいちばん大きい。　　イ　点Bのときの像がいちばん大きい。
ウ　点Cのときの像がいちばん大きい。　　エ　像の大きさがすべて等しい。

(3)　物体をDの位置に置いたとき，スクリーンに像ができなかった。スクリーン側から凸レンズをのぞくと，拡大した像が見えた。この像を何というか。

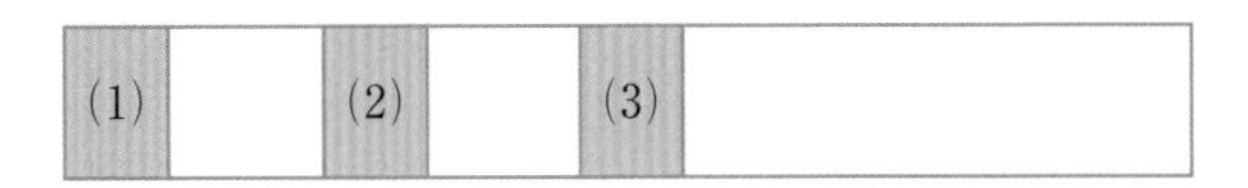

(1)		(2)		(3)	

3　**中に鈴をつるした丸底フラスコを２つ（AとB）用意し，次のような実験をした。これについて，次の問いに答えなさい。**　【4点×5】

〈実験〉①：フラスコAに少量の水を入れ，加熱する。
②：フラスコ内の水が沸騰したら火を消し，すばやくゴム管の口をピンチコックで閉じる。
③：しばらく空気中で冷やしたあと，水の中に入れて冷やす。
④：フラスコAと何もしないでおいたBを振り，鈴の音が聞こえるかどうかを比較する。

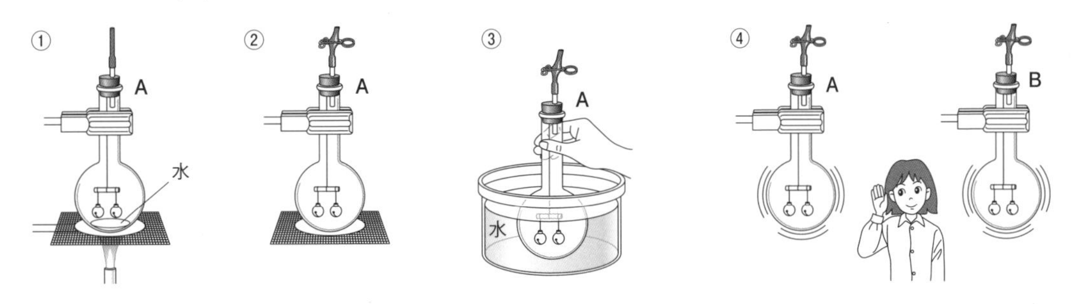

(1)　実験の①で，水が沸騰しているとき，フラスコAの中はどのようになっているか。次のア～エから１つ選び，記号で答えなさい。
ア　空気で満たされている。　　イ　水蒸気で満たされている。
ウ　二酸化炭素で満たされている。　　エ　気体がほとんどない状態である。

(2)　実験の④で，フラスコA，Bの中は，それぞれどのようになっているか。それぞれについて，(1)のア～エからあてはまるものを選び，記号で答えなさい。

(3)　実験の④で，鈴の音の聞こえ方について，正しく述べているものは次のア～ウのどれか。１つ選び，記号で答えなさい。
ア　フラスコAの方が，鈴の音はよく聞こえる。
イ　フラスコBの方が，鈴の音はよく聞こえる。
ウ　鈴の音の聞こえ方は，どちらも同じくらいである。

思考 (4)　(3)のようになったのはなぜか。簡潔に書きなさい。

(1)		(2)	A	B	(3)	

(4)	

4 図1は，凸レンズの焦点より凸レンズから遠いところに物体を置いたとき，物体のP点から出る光のうち，光軸に平行な光の進み方を示したものである。次の問いに答えなさい。

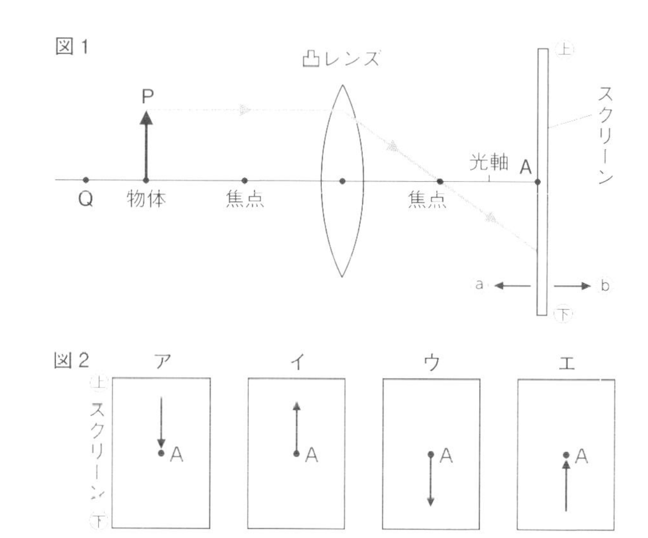

(1) このとき，スクリーンには，はっきりとした像ができた。この像は，実像，虚像のどちらか。

(2) (1)の像は，右の図2のア〜エのどのようにうつるか。1つ選び，記号で答えなさい。

(3) 物体をQ点に移すと，スクリーンには像がはっきりとうつらなくなった。スクリーンを，ⓐ，ⓑのどちらの方向に動かせば，はっきりした像がうつるか。記号で答えなさい。

(4) この凸レンズの焦点距離が15 cmのとき，スクリーンに物体と同じ大きさの像をうつすには，物体と凸レンズの距離を何cmにすればよいか。

(5) 凸レンズの下半分を黒い紙でおおうと，どんな像ができるか。次のア〜エから1つ選び，記号で答えなさい。

ア　像はできなくなる。　　イ　上半分の像ができる。
ウ　下半分の像ができる。　エ　全体の像ができるが，暗くなる。

(6) 図1の凸レンズを，図1の凸レンズより大きいもの（ただし，レンズの焦点距離は同じ）に変えると，(1)の像と比べてどうなるか。次のア〜エから1つ選び，記号で答えなさい。

ア　大きく，明るくなる。　イ　同じ大きさで，明るくなる。
ウ　同じ明るさで，大きくなる。　エ　像に変化はない。

(1)	(2)	(3)	(4)	(5)	(6)

5 Aさんが，図1のように校舎から86 m離れた地点で，校舎に向かって大きな声を出してから，反射して声が聞こえるまでの時間を測定したら，0.5秒であった。次にAさんは，図2のように図1と同じ地点に立ち，BさんはAさんと校舎の間に立った。Aさんは校舎に向かって大きな声を出し，Bさんはその声が聞こえたときから校舎で反射して再び声が聞こえるまでの時間を測定すると，0.4秒であった。AさんとBさんの間の距離は何mか。

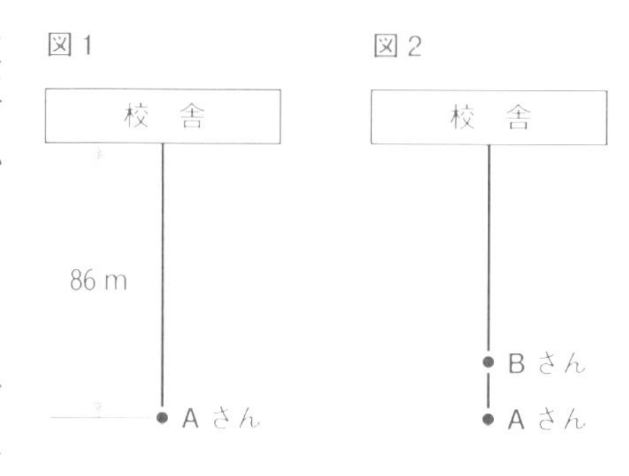

6 図１のように半円形レンズを使って光の進み方を調べた。次の問いに答えなさい。

【4点×3】

(1) **図１**の矢印の入射光(にゅうしゃこう)に対して，屈折光(くっせつこう)の道すじを**ア〜ウ**から，反射光(はんしゃこう)の道すじを**エ〜カ**からそれぞれ１つずつ選び，記号で答えなさい。

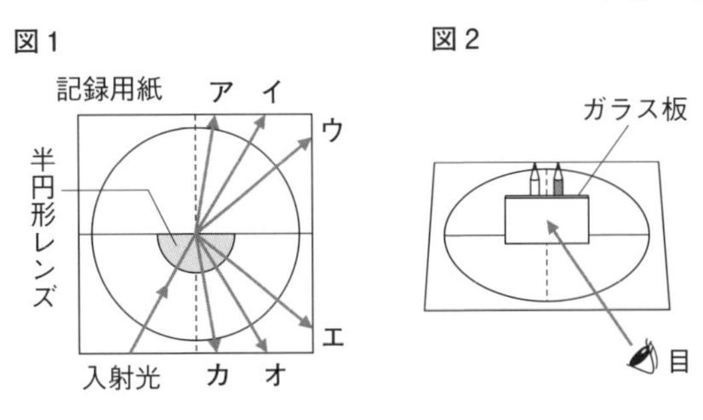

(2) **図２**のように，半円形レンズのかわりに厚いガラス板を置き，その後ろに鉛筆(えんぴつ)を２本立て，図の目の位置から観察したとき，鉛筆はどのように見えるか。次の**ア〜エ**から１つ選び，記号で答えなさい。

ア
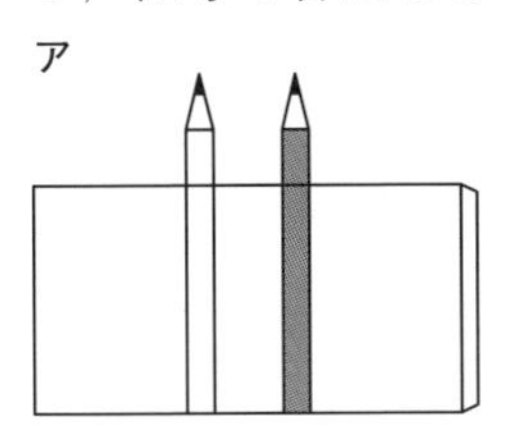

イ
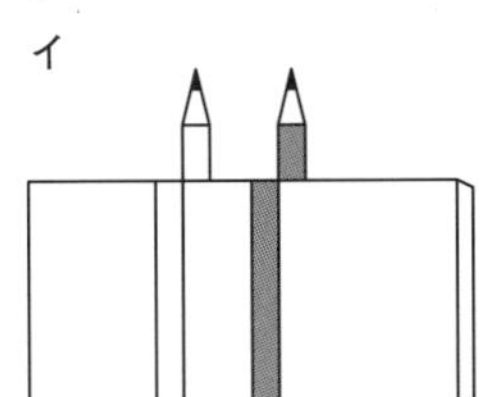

ウ
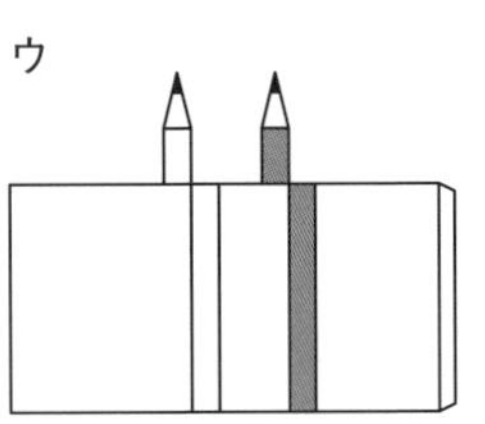

エ
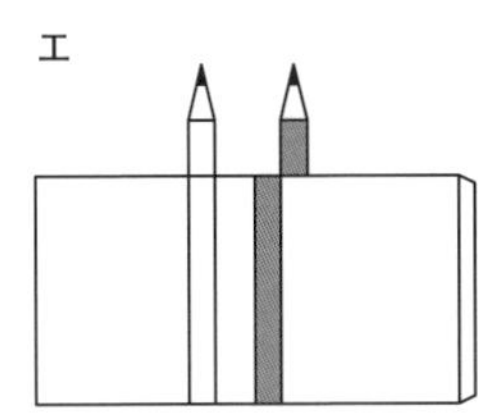

(1)	屈折光	反射光	(2)	

7 右の図のようなモノコードの，弦(げん)の長さや張り方を変えて，音について調べた。次の問いに答えなさい。

【4点×4】

(1) 弦にぶら下がるおもりを重くして，弦の張り方を強くした。弦のはじき方は同じであるとすると，音はどのようになるか。次の**ア〜エ**から１つ選び，記号で答えなさい。

ア 大きくなる。　**イ** 小さくなる。

ウ 高くなる。　**エ** 低くなる。

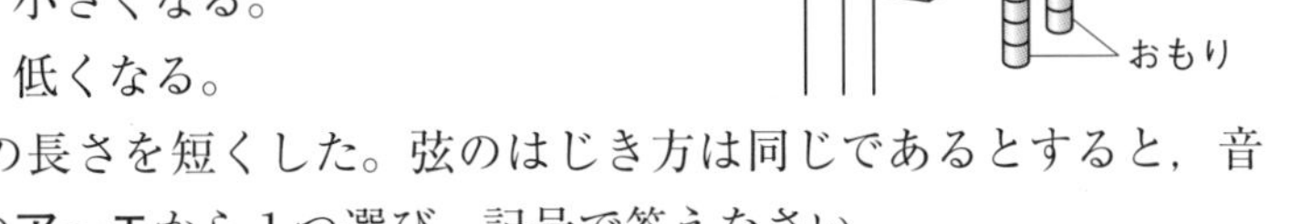

(2) ことじを動かして，弦の長さを短くした。弦のはじき方は同じであるとすると，音はどのようになるか。(1)の**ア〜エ**から１つ選び，記号で答えなさい。

(3) 音の高さは振動(しんどう)する物体の何によって決まるか。次の**ア〜エ**から１つ選び，記号で答えなさい。

ア 振動数(しんどうすう)　**イ** 振幅(しんぷく)　**ウ** 重さ　**エ** 体積

(4) 弦を太い弦と細い弦に変えて実験した。弦のはじき方は同じであるとき，音の高さはどうなるか。次の**ア〜ウ**から１つ選び，記号で答えなさい。

ア 太い弦の方が高い。　**イ** 細い弦の方が高い。　**ウ** 同じ高さ。

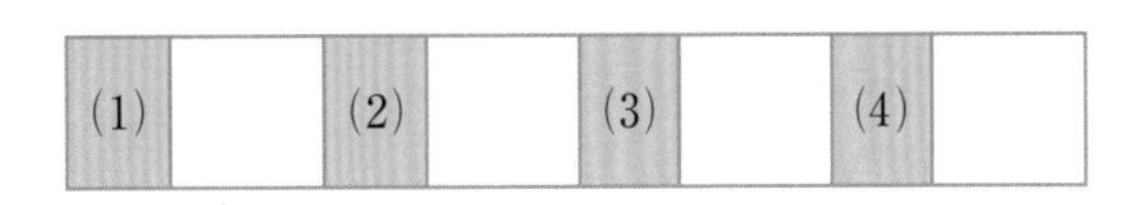

(1)		(2)		(3)		(4)	

3 力のはたらき(1)

ニューコース参考書 中1理科

攻略のコツ 力の大きさとばねののびとの関係のグラフの読みとりがよく出題される！

テストに出る！ 重要ポイント

- **力のはたらき** 力には，①物体の形を変える，②物体の動き（速さや向き）を変える，③物体を支えるといったはたらきがある。
- **いろいろな力** 垂直抗力，弾性力，摩擦力，磁力，電気力，重力など。
  重力…地球が中心に向かって物体を引く力。
- **力の大きさ** 力の大きさの単位には，**ニュートン**（記号**N**）を用いる。
  1Nは，約100gの物体にはたらく重力の大きさに等しい。
- **フックの法則** ばねののびは，ばねに加えた力の大きさに**比例**する。
- **重力と質量** ❶ **重さ**…物体にはたらく重力の大きさ。
  ❷ **質量**…物体そのものの量。
- **力の表し方** 力には，**力の大きさ**，**向き**，**作用点**の3つの要素があり，矢印で表す。

作用点（力のはたらく点）
力の向き
力の大きさ

Step 1 基礎力チェック問題

解答 別冊p.16

1 次の［　］にあてはまるものを選ぶか，あてはまる言葉や数を書きなさい。

(1) 物体に力がはたらくと，物体の［　　　　］を変えたり，動きの速さや向きを変えたりする。

(2) 地球が物体をその中心に向かって引く力を［　　　　］という。

(3) 力の大きさの単位は［　　　　］（記号N）を用いる。

(4) 1Nは，約［　　　　］gの物体にはたらく重力の大きさに等しい。

(5) ばねののびは，ばねを引く力の大きさに［比例　反比例］する。これを［　　　　］の法則という。

(6) 物体にはたらく重力の大きさを［質量　重さ］といい，［ばねばかり　上皿てんびん］ではかることができる。

(7) 力には，大きさと［　　　　］，力のはたらく点である［　　　　］の3つの要素がある。

(8) 力を矢印で表すとき，力の大きさは矢の［太さ　長さ］で表す。

得点アップアドバイス

1

(1) 物体を持ち上げたり支えたりすることも力のはたらきである。

(2) 物体どうしが離れていてもはたらく力である。

(4) 物体にはたらく重力の大きさは，場所によって異なる。

2 【力のはたらき】

力には，物体の形を変える（A），物体の動きを変える（B），物体を支える（C）などのはたらきがある。次の①～⑤は，おもにA～Cのどのはたらきによるものか。それぞれ記号で答えなさい。

① 空き缶(かん)をつぶす〔　　　〕　② バーベルを支える〔　　　〕
③ サッカーボールをける〔　　　〕　④ ゴムをのばす〔　　　〕
⑤ 野球のボールを受け止める〔　　　〕

3 【ばねののび，重さと質量】

図のように，ばねに600 gのおもりAをつるすと，ばねののびは12 cmであった。次の問いに答えなさい。ただし，100 gの物体にはたらく重力の大きさを1 Nとする。また，月面上の重力の大きさは地球上の$\frac{1}{6}$とする。

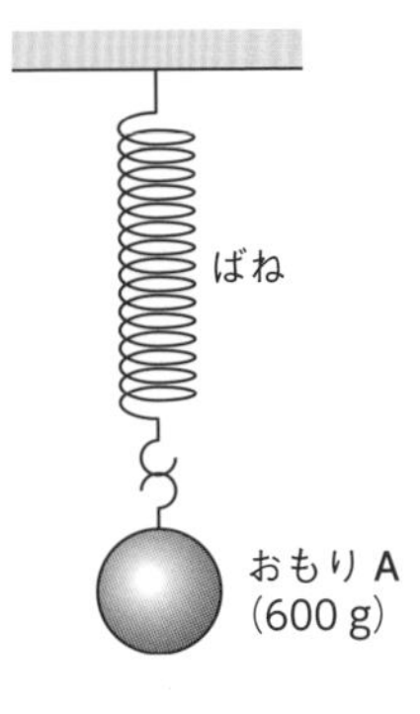

(1) このおもりAにはたらく重力の大きさは何Nか。〔　　　〕

(2) このおもりAをはずし，別のおもりBをつるすと，ばねののびは18 cmになった。おもりBの質量は何gか。〔　　　〕

(3) 月面上で，このばねに600 gのおもりAをつるすと，ばねののびは何cmになるか。〔　　　〕

(4) 月面上で，上皿てんびんの片方の皿に600 gのおもりAをのせたとき，もう片方の皿に何gの分銅をのせるとつり合うか。〔　　　〕

4 【力を矢印で表す】

次の(1)，(2)について，O点にはたらく力を力の矢印で表しなさい。ただし，100 gの物体にはたらく重力を1 Nとする。

(1) 手がばねを水平に3 Nの力で引いている。
(1 Nの力を1 cmとする。)

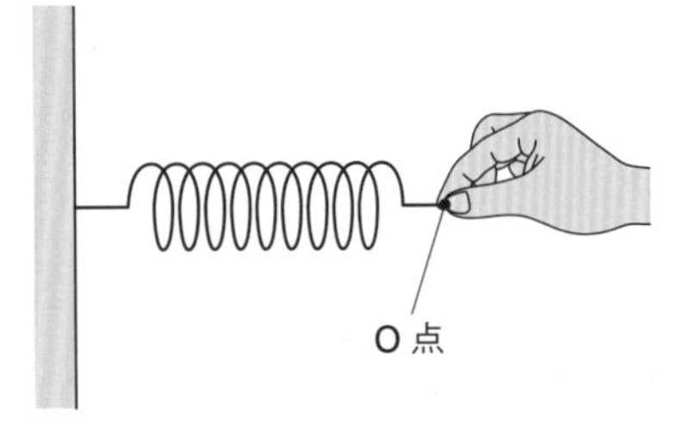

(2) 300 gの物体にはたらく重力
(2 Nの力を1 cmとする。)

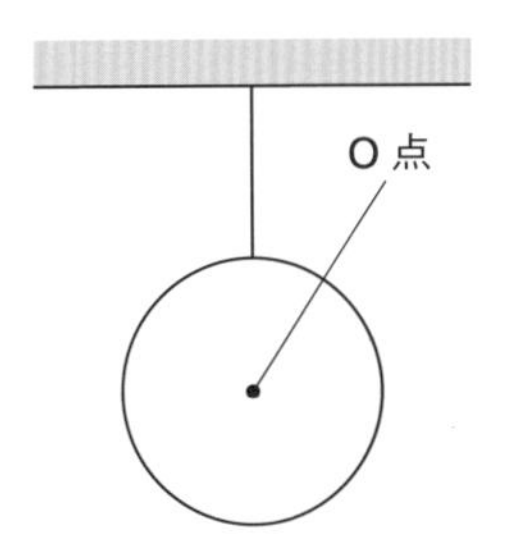

得点アップアドバイス

2

力が作用した結果，その物体がどのようになったかを考えよう。

3

(2) ばねののびは，ばねを引く力の大きさに比例する。
(3) 月が物体を引く力は，地球が物体を引く力の約6分の1である。
(4) おもりAにも分銅にも月の重力がはたらいている。

4

力を矢印で表すときは，力の大きさを矢の長さ，力の向きは矢の向き，作用点は矢の根元で表す。また，矢の長さは力の大きさに比例させてかく。
(2) 重力は物体のすべての部分にはたらくが，1本の矢印で代表させる。

Step 2 実力完成問題

解答 別冊p.17

1 【いろいろな力】

いろいろな力について，次の問いに答えなさい。

(1) 次の①～④の下線部は，いろいろな力の例を示したものである。それぞれ何といわれる力か。下の**ア**～**エ**から適するものを選び，記号で答えなさい。

① 床の上にあるおもちゃの自動車を手で押したら，はじめは動いていたが，速さがしだいに遅くなり，最後は止まった。〔　　〕

② 竹ひごを手で少し曲げたが，手を離すともとにもどった。〔　　〕

③ 磁石のN極とS極を近づけたら，引き合った。〔　　〕

④ 手に持っていたリンゴが，手を離したら下に落ちた。〔　　〕

ア 重力　**イ** 弾性力　**ウ** 摩擦力　**エ** 磁力

(2) (1)の**ア**～**エ**の力のうち，物体どうしが離れていてもはたらく力をすべて選び，記号で答えなさい。〔　　　〕

2 【力の表し方】

図のように，ある物体を机と平行に3Nの力で押したが，物体は動かなかった。次の問いに答えなさい。

✓よくでる (1) 手が物体に加えた力を矢印で示しなさい。ただし，方眼の1目盛りは1Nを表すものとする。

(2) (1)の図で，矢印の向きは何を表しているか。〔　　　〕

(3) 物体と机の間に，物体を押す力と反対向きにはたらく力を何というか。〔　　　〕

物体

机

3 【グラフのかき方】

ばねにおもりをつるして，ばねののびを測定し，その結果の測定値を・印で記入した。実験の結果から，おもりがばねを引く力の大きさとばねののびとの関係を原点を通るグラフに表す場合，どのように表せばよいか。次のア～エから1つ選び，記号で答えなさい。

〔　　〕

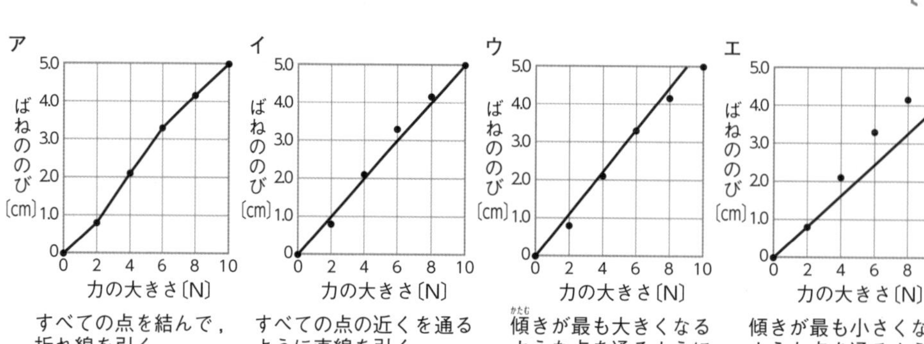

4 【ばねののび】

右の図は，ばねAとばねBにいろいろなおもりをつるし，ばねののびを測定してグラフに表したものである。これについて，次の問いに答えなさい。

よくでる (1) 1Nのおもりをつるしたとき，ばねAとばねBののびはそれぞれ何cmか。

A〔　　　　　　〕 B〔　　　　　　〕

(2) ばねAとばねBを1cmのばすのに必要な力の大きさはそれぞれ何Nか。

A〔　　　　　　〕 B〔　　　　　　〕

(3) 同じ質量（しつりょう）のおもりをつるしたとき，のびやすいのはばねAとばねBのどちらか。

〔　　　　　　〕

5 【力の大きさとばねののび】

右の図のようにして，いろいろな質量のおもりをつるしたときのばねの長さを調べた。表はその結果である。これについて，次の問いに答えなさい。ただし，100gの物体にはたらく重力の大きさを1Nとする。

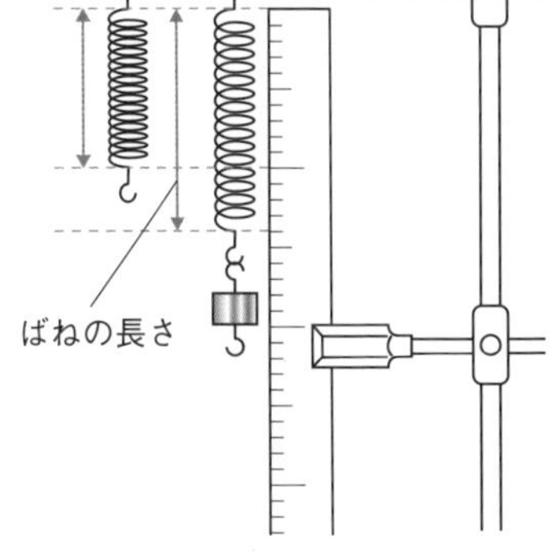

おもりの質量〔g〕	0	20	40	60	80
ばねの長さ〔cm〕	10	11	12	13	14

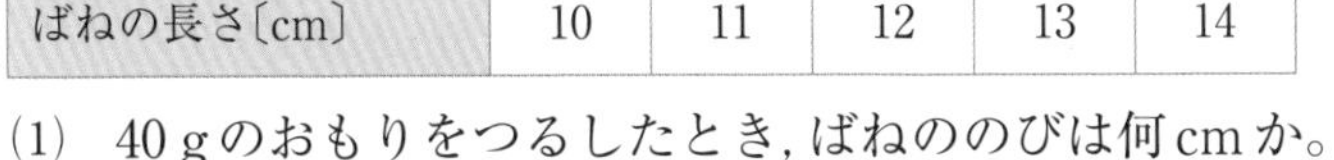

(1) 40gのおもりをつるしたとき，ばねののびは何cmか。

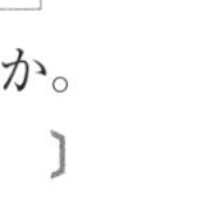
〔　　　　　　〕

ミス注意 (2) 150gのおもりをつるしたとき，ばねの長さは何cmか。〔　　　　　　〕

(3) ばねを手で引いて，ばねの長さを19cmにしたとき，ばねに加えた力は何Nか。

〔　　　　　　〕

入試レベル問題に挑戦

6 【ばねののび】

おもりをつるさないときのばねの長さが20cmで，0.5Nで2cmのびるばねが２本ある。この２本のばねを使って，右の図のようにして100gのおもりを２個つるしたとき，A，Bのばねの長さはそれぞれ何cmになるか。ただし，100gの物体にはたらく重力の大きさを1Nとし，ばねの質量は考えないものとする。

A〔　　　　　　〕

B〔　　　　　　〕

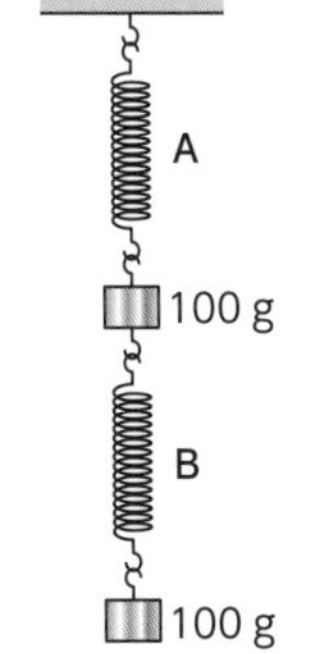

ヒント

Aにはおもり２個分，Bにはおもり１個分の力がかかる。

4 力のはたらき(2)

リンク
ニューコース参考書
中1理科
p.184～187

攻略のコツ 2力のつり合いは，大きさと向きに着目！

テストに出る！ 重要ポイント

● 2力のつり合い

❶ 力のつり合い…1つの物体に2つの力がはたらいていても，その物体が静止しているとき，2つの力はつり合っている。

❷ **2力のつり合いの条件**…
①2つの力は，**同一直線上**にある。
②2つの力は，**大きさが等しい**。
③2つの力は，**向きが反対**である。

❸ 机の上の物体…重力と**垂直抗力**(すいちょくこうりょく)がつり合っている。

❹ ばねにつり下げた物体…重力と**弾性力**(だんせいりょく)がつり合っている。

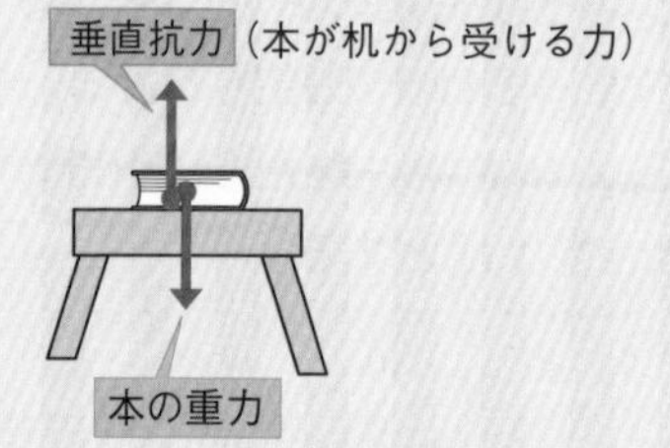

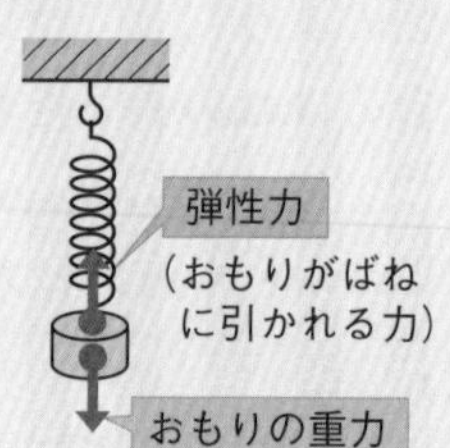

❺ 机の上の物体に力を加えても静止しているとき…
物体に加えた力と**摩擦力**(まさつりょく)がつり合っている。

Step 1 基礎力チェック問題

解答 別冊p.18

1 次の〔　　〕にあてはまるものを選ぶか，あてはまる言葉を書きなさい。ただし，100gの物体にはたらく重力の大きさを1Nとする。

(1) 1つの物体にはたらく2つの力がつり合っているとき，2つの力の大きさは〔　　　　〕。

(2) 1つの物体にはたらく2つの力がつり合っているとき，2つの力は〔　　　　〕上にあり，その向きは〔反対向き　同じ向き〕である。

(3) 机の上に置いた本には，〔　　　　〕と机の面からの〔　　　　〕がはたらいてつり合っている。

(4) ばねにつるした質量200gのおもりが静止しているとき，ばねがおもりを引く力の大きさは〔　　　〕Nである。

(5) 床(ゆか)の上に置いた物体を3Nの力で水平に押(お)しても物体が動かないとき，物体には〔　　　〕Nの大きさの〔垂直抗力　弾性力　摩擦力〕がはたらいている。

得点アップアドバイス

1

(2) つり合っている力は，作用線が一致(いっち)している。

(4) ばねがおもりを引く力（弾性力）は，重力とつり合っている。

Step 2　実力完成問題

解答 別冊p.18

1 【2力のつり合い】

右の図は，１つの物体を２人で引いているところを表したもので，このとき物体は静止していた。床と物体との間に摩擦はないものとして，次の問いに答えなさい。

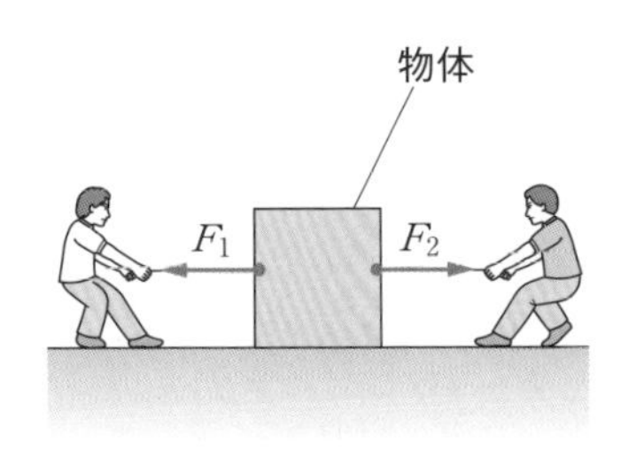

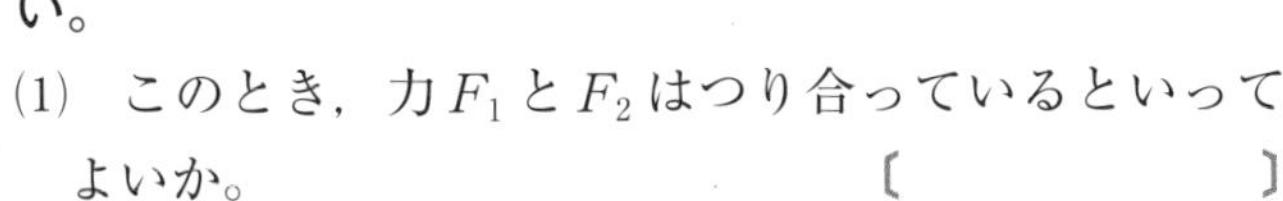

(1)　このとき，力F_1とF_2はつり合っているといってよいか。〔　　　　〕

ミス注意 (2)　(1)のとき，F_1とF_2の間にはどんな関係があるか。次のア～ウから選べ。〔　　　　〕

ア　F_1とF_2は，向き，大きさが等しい。

イ　F_1とF_2は，向きが反対で大きさが等しい。

ウ　F_1とF_2は，向き，大きさともちがう。

2 【身近な2力のつり合い】

2力のつり合いについて，次の問いに答えなさい。

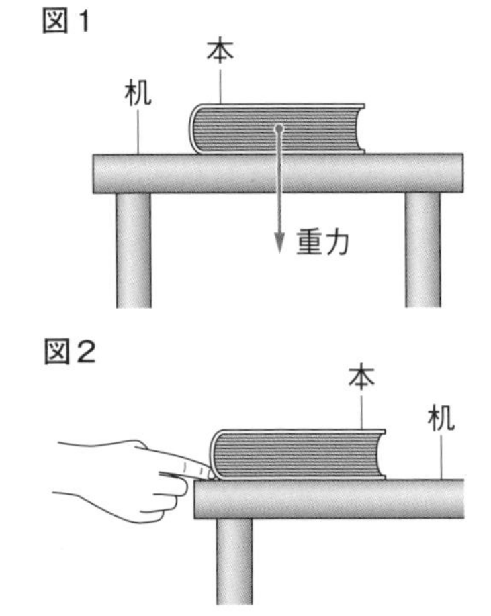

ミス注意 (1)　**図1**の矢印は，机の上に置いた本にはたらく重力を表している。重力とつり合っている力を，**図1**に矢印で作図せよ。

(2)　**図1**で，重力とつり合っている力を何というか。〔　　　　〕

(3)　**図2**で，机の上の本を押しても，本は動かなかった。これは，本が机の面から右・左のどちら向きの力を受けているからか。〔　　　　〕

(4)　(3)の力を何というか。〔　　　　〕

(5)　(3)のとき，本を押す力と(4)の力の大きさの関係はどうなっているか。次のア～ウから選べ。〔　　　　〕

ア　本を押す力の方が大きい。

イ　本を押す力の方が小さい。

ウ　どちらも同じ大きさである。

3 【力のつり合い】

右の図は，物体にはたらく２つの力を示している。このとき２つの力はつり合っているか。つり合っている場合には「つり合っている」と書き，つり合っていない場合はその理由を簡単に書きなさい。

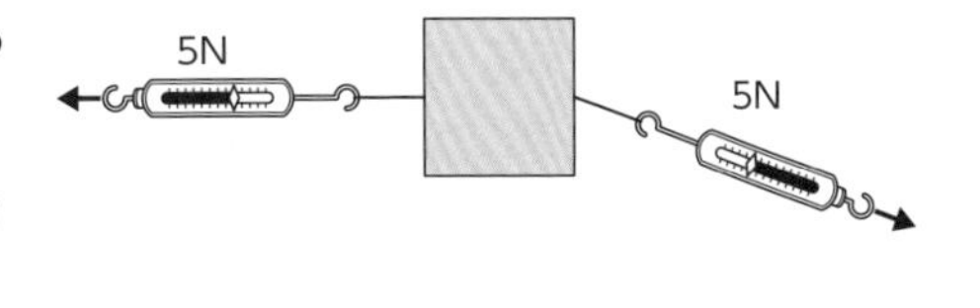

〔　　　　　　　　　　　　　　〕

3章／身のまわりの現象

4 力のはたらき(2)

定期テスト予想問題 ⑥

時間 50分　解答 別冊p.18

得点　／100

1 力のはたらきについて，次の問いに答えなさい。

【2点×2】

ア

静止していたサッカーボールをける

イ

空き缶をつぶす

ウ

ダンベルを支える

エ

投げられたボールを打つ

(1) 運動していた物体に力が加えられ，物体の運動の向きが変わっているものを，**ア**～**エ**から選び，記号で答えなさい。

(2) 物体に力が加えられ，物体が変形したままになっているものを**ア**～**エ**から選び，記号で答えなさい。

(1)		(2)	

2 次の方眼の1目盛りを1Nとして，あとの問いに答えなさい。ただし，100gの物体にはたらく重力の大きさを1Nとする。

【3点×6】

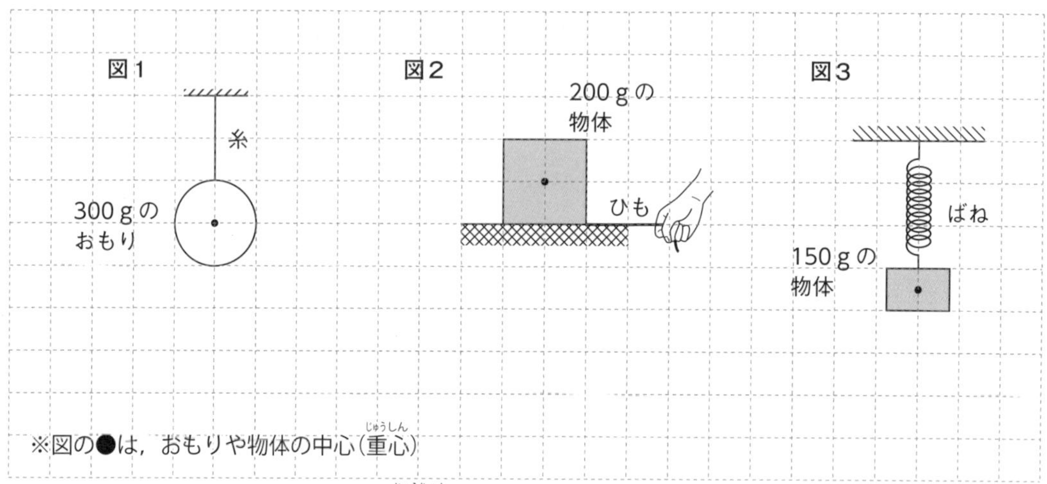

(1) **図1**で，①おもりにはたらく重力，②糸がおもりを引く力をそれぞれ図に示しなさい。

(2) **図2**では，物体につないだひもを3Nの力で手で引いても，物体が動かないで静止している。このとき，①物体にはたらく垂直抗力，②物体にはたらく摩擦力をそれぞれ図に示しなさい。

(3) **図3**で，①ばねが物体を引く力，②物体がばねを引く力をそれぞれ図に示しなさい。

3　2力のつり合いについて，次の問いに答えなさい。　【3点×4】

(1)　かばんを手で持っているとき，手がかばんを引く力とつり合っている力は何か。

(2)　ばねにおもりをつるして静止させたとき，おもりにはたらく重力とつり合っている力を何というか。

(3)　本を机の上に置いて静止させたとき，本にはたらいている重力とつり合っている力を何というか。

(4)　物体を水平な面の上で引いても動かなかったとき，静止している物体を引く力とつり合っていて，物体と面の間ではたらく力を何というか。

(1)		(2)	
(3)		(4)	

4　右の図1のようにして，ばねにつるすおもりの重さとばねののびの関係を調べる実験を行った。その結果は，図2のグラフのようになった。これについて，次の問いに答えなさい。ただし，100 g の物体にはたらく重力の大きさを1 N とする。　【3点×6】

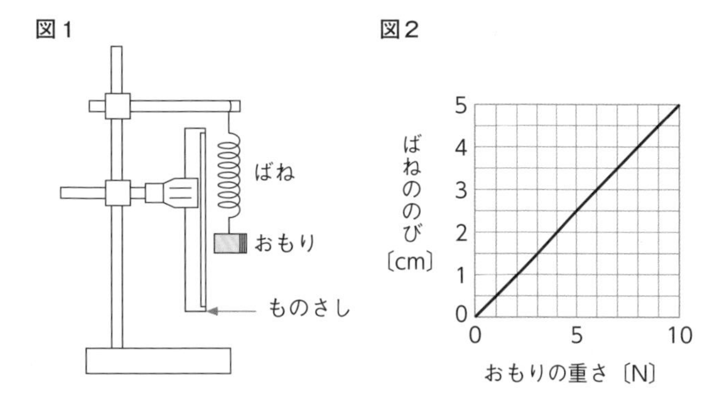

(1)　図2のグラフから，おもりの重さとばねののびはどのような関係にあるといえるか。簡単に説明しなさい。

(2)　このばねに，質量が 1.2 kg のおもりをつるすと，ばねののびは何 cm になるか。

(3)　もしも月面上でこのばねに(2)のおもりをつるすと，ばねののびは何 cm になるか。ただし，月面上での重力の大きさは，地球上での6分の1になるものとする。

(4)　このばねを用いて，右の図3のように，机の上に置いた質量 500 g の木片を引いたが，木片は静止したままであった。このとき，ばねののびは 2 cm であった。

①　木片にはたらく垂直抗力は何Nか。

②　木片にはたらいている摩擦力の大きさは何Nか。また，その向きは右，左のどちらか。

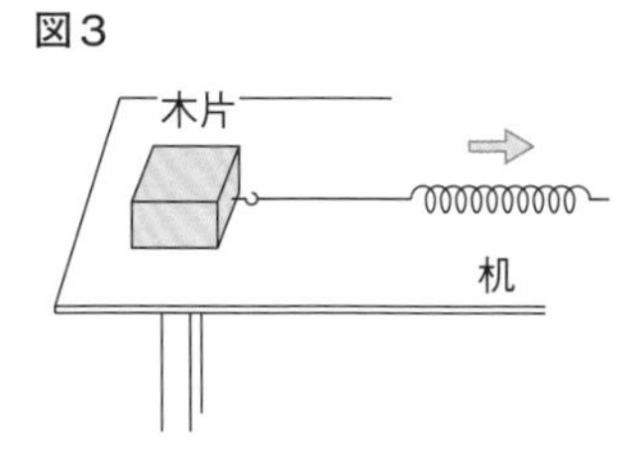

(1)		(2)		(3)	
(4)	①	② 大きさ		向き	

5 次の文の［　　］にあてはまる適切な言葉または数を答えなさい。ただし，質量 100 g の物体(ぶったい)にはたらく重力(じゅうりょく)の大きさを 1 N とする。 【2 点× 5】

(1) 地球上の物体はすべて，地球から地球の中心部に向かう力を受けている。物体がどのような状態でもつねにはたらくこの力を，［ア］という。

(2) ［ア］の大きさは，物体の［イ］に比例する。質量(しつりょう)が 200 g の物体には［ウ］N の［ア］がはたらき，［エ］g の物体には 3 N の［ア］がはたらく。

(3) 人にもつねに［ア］がはたらいているが，地面の上に立っていても沈(しず)みこんでいかないのは，地面から［オ］を上向きに受けていて，この力と［ア］がつり合っているからである。このとき，［ア］と［オ］の大きさは等しく，向きは反対向きである。

ア		イ		ウ	
		エ		オ	

6 下の図は，A～D の物体にはたらく 2 つの力を示している。2 力がつり合っている場合には○を書き，つり合わない場合はその理由を簡潔に書きなさい。 【3 点× 4】

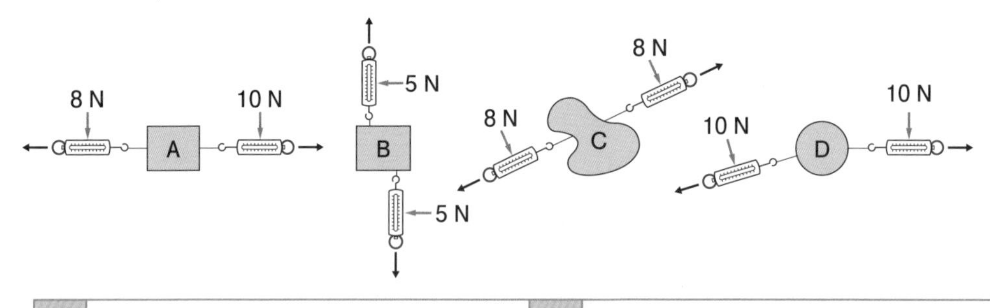

A		B	
C		D	

7 右の図は，床(ゆか)の上に置かれたおもりを，糸でばねばかりとつなぎ，鉛直上向きに引いているところを表している。おもりは床についた状態であり，ア～カはこのときはたらいている力を表している。ただし，ア～カの力は作用線が一致しているが，矢印が重ならないように一部を少しずらしてかいてある。また，糸の質量は考えないものとする。これについて，次の問いに答えなさい。 【3 点× 4】

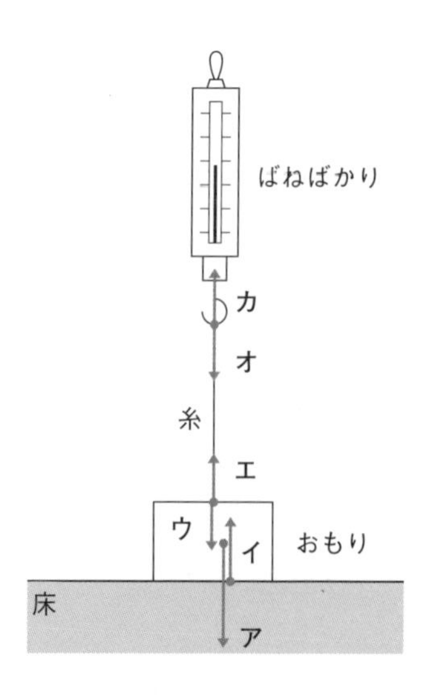

(1) おもりにはたらいている力はどれか。図の**ア**～**カ**からあてはまるものをすべて選び，記号で答えなさい。

(2) 糸がおもりを引いている力はどれか。図の**ア**～**カ**からあてはまるものを 1 つ選び，記号で答えなさい。

(3) 糸がばねばかりを引いている力はどれか。図の**ア**～**カ**から 1 つ選び，記号で答えなさい。

(4) つり合っている２つの力はどれとどれか。サとシのように２つ選び，記号で答えなさい。

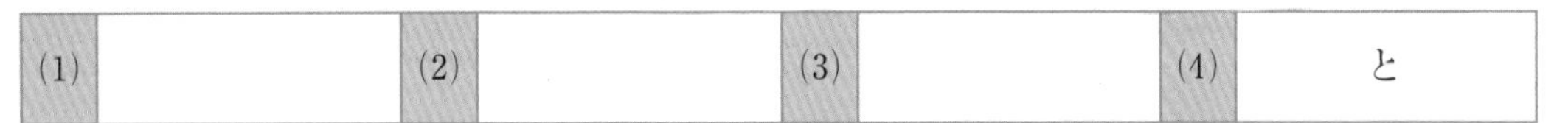

(1)		(2)		(3)		(4)	と

8

図１は，ばねＡ，ばねＢにいろいろなおもりをつるしてばねののびを測定したときの結果を示している。これについて，次の問いに答えなさい。ただし，100ｇの物体にはたらく重力の大きさを１Ｎとする。また，ばねの質量は考えないものとする。 【2点×7】

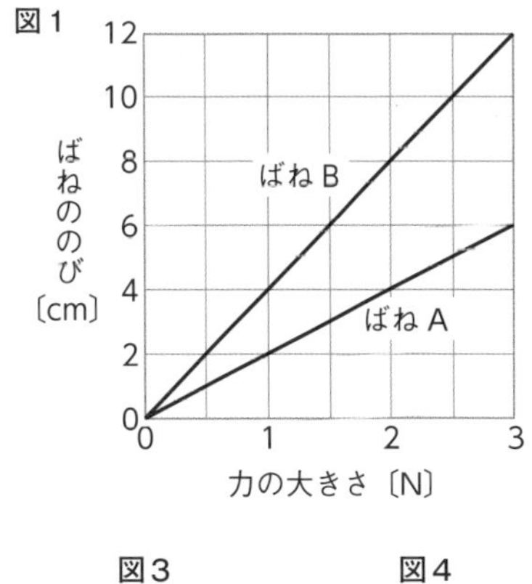

(1) ばねＡに500ｇのおもりａをつるしたとき，おもりａにはたらく重力を図２に力の矢印で表しなさい。ただし，方眼の１目盛りは，１Ｎの力を表すものとする。

図2

(2) 図３のように，(1)に，さらにおもりｂをつるすと，ばねののびが16 cmになった。おもりｂは何ｇか。

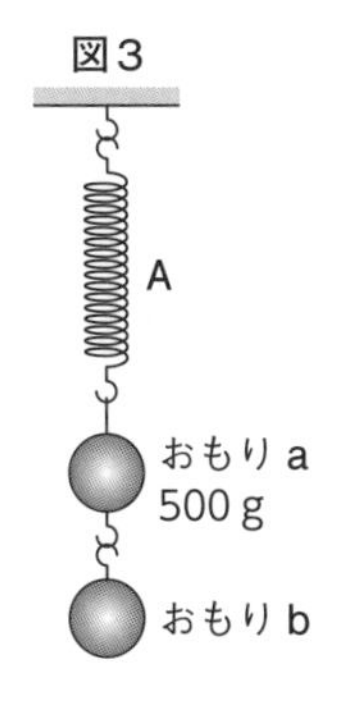

(3) ばねＡとばねＢを図４のようにつなげて450ｇのおもりをつり下げた。このとき，ばねＡ，ばねＢののびの合計は何 cm か。

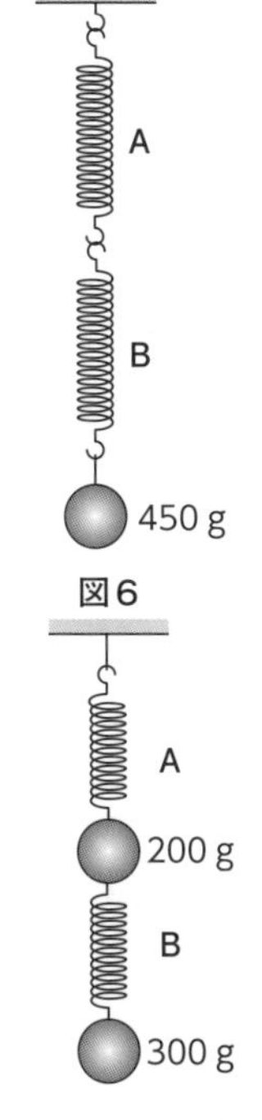

図5
A
B
おもり c
300 g
おもり d

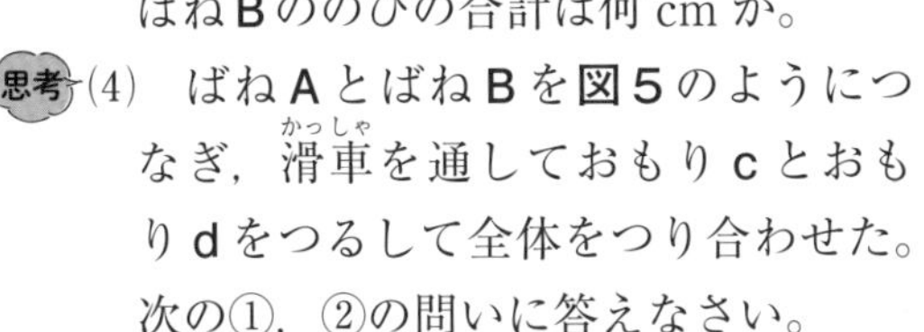

思考 (4) ばねＡとばねＢを図５のようにつなぎ，滑車（かっしゃ）を通しておもりｃとおもりｄをつるして全体をつり合わせた。次の①，②の問いに答えなさい。

① おもりｄの質量は何ｇか。

② ばねＡとばねＢののびの合計は何 cm か。

(5) ばねＡとばねＢを図６のようにつなぎ，ばねＡとばねＢの間に200ｇのおもりを，ばねＢの下に300ｇのおもりをそれぞれつるした。次の①，②の問いに答えなさい。

① ばねＡののびは何 cm か。

② ばねＢののびは何 cm か。

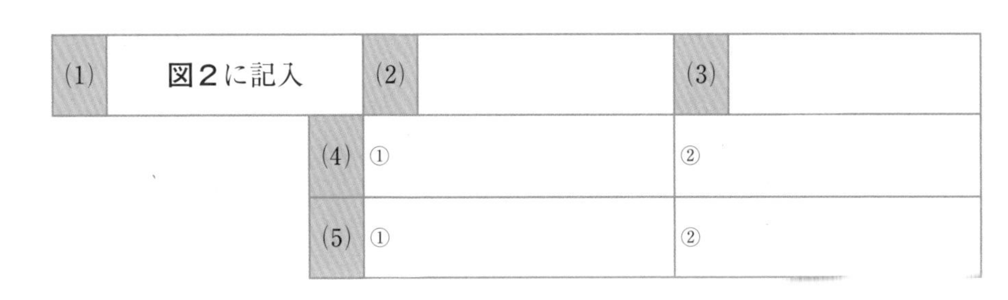

(1)	図２に記入	(2)		(3)	
		(4)	①	②	
		(5)	①	②	

1 火をふく大地

リンク
ニューコース参考書
中1理科
p.196～209

攻略のコツ 火山の形とマグマのねばりけの関係，火山岩と深成岩のちがいがよく問われる！

テストに出る！ 重要ポイント

- **マグマ**　地下の岩石が高温でどろどろにとけた物質。火山噴出物のもと。
- **火山の形とマグマのねばりけ**　火山の形は，おもにマグマの性質によって決まる。

強い	← マグマのねばりけ →	弱い
傾斜が急	← 火山の形 →	傾斜がゆるやか
激しい	← 噴火のしかた →	おだやか

- **鉱物**　火山灰などの火山噴出物にふくまれる粒のうち，結晶になったもの。

▶火山岩（斑状組織）

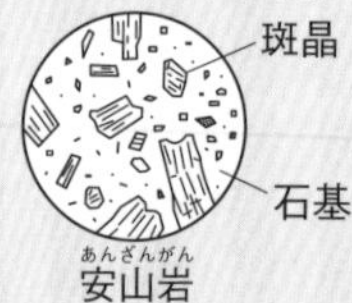

安山岩

- **火成岩**　火成岩…マグマが冷えて固まった岩石。
  - ❶ **火山岩**…マグマが**地表や地表付近**で急に冷え固まってできた岩石。**石基**の中に**斑晶**が散らばる**斑状組織**。
  - ❷ **深成岩**…マグマが**地下深く**で**ゆっくり**冷え固まってできた岩石。ほぼ同じ大きさの鉱物からなる**等粒状組織**。

▶深成岩（等粒状組織）

花こう岩

Step 1 基礎力チェック問題

解答 別冊p.20

1 次の〔　　〕にあてはまるものを選ぶか，あてはまる言葉を書きなさい。

- (1) 岩石が高温でどろどろにとけた物質を〔　　　　〕という。
- (2) 傾斜がゆるやかな形の火山は，マグマのねばりけが〔弱く　強く〕，〔激しい噴火　おだやかな噴火〕をする。
- (3) マグマが地下深くでゆっくり冷え固まってできた岩石を〔火山岩　深成岩〕という。
- (4) 火山岩は，非常に小さい鉱物やガラス質の〔斑晶　石基〕の中に大きな鉱物の〔斑晶　石基〕が散らばる〔　　　　〕組織である。
- (5) 花こう岩は〔斑状組織　等粒状組織〕である。
- (6) 石英と長石は〔無色鉱物　有色鉱物〕である。

得点アップアドバイス

1

(2) 傾斜がゆるやかな形の火山には，マウナロアやキラウエアがある。

(4) 火山岩は，マグマが地表や地表付近で急に冷え固まってできた岩石。急に冷え固まるので，結晶になれない部分がある。

(5) 花こう岩は深成岩である。

(6) 石英や長石が多くふくまれる岩石は，白っぽい色になる。

2 【火山の形】

次の図は，火山の形を大きく３つに分類したものである。これについて，あとの問いに答えなさい。

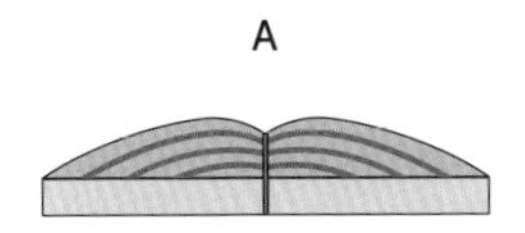

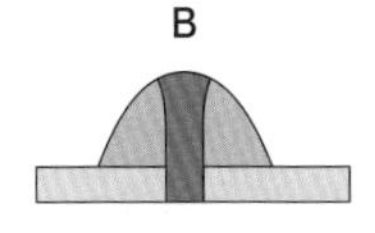

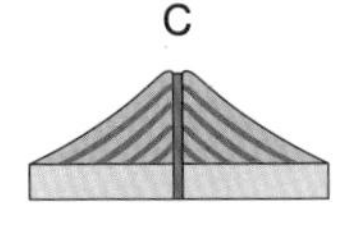

(1) 最もおだやかな噴火をするのはA～Cのどれか。〔　　〕

(2) 火山噴出物が最も白っぽいものはA～Cのどれか。〔　　〕

(3) Bの形をした火山はどれか。次のア～エから選び，記号で答えなさい。〔　　〕

ア 浅間山（あさまやま）　イ 三原山（みはらやま）　ウ 昭和新山（しょうわしんざん）　エ 桜島（さくらじま）

(4) A～Cの火山の形が異なるのは，何がちがうためか。

〔　　〕

3 【鉱物の特徴】

鉱物には，いろいろな特徴（とくちょう）がある。次の特徴をもつ鉱物を次のア～エから選び，記号で答えなさい。

ア 磁鉄鉱（じてっこう）　イ 長石　ウ 黒雲母（くろうんも）　エ カンラン石

(1) 黒色で決まった方向にはがれる。〔　　〕

(2) 磁石に引きつけられる。〔　　〕

(3) 白色で，割れ口は平らである。〔　　〕

4 【火成岩のでき方とつくり】

次の図A，Bは，火成岩を顕微鏡（けんびきょう）で見てスケッチしたものである。これをもとに，次の問いに答えなさい。

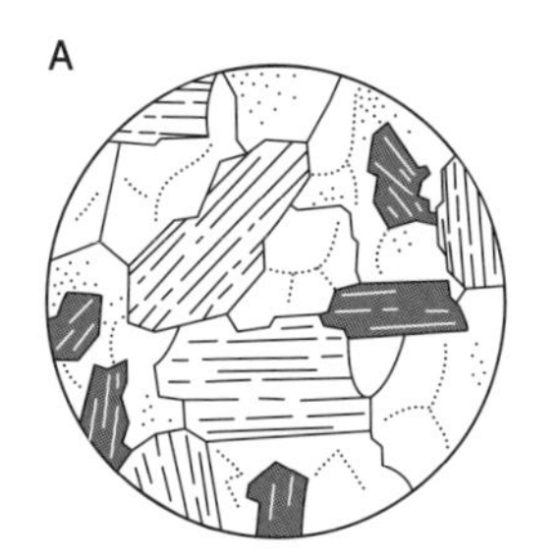

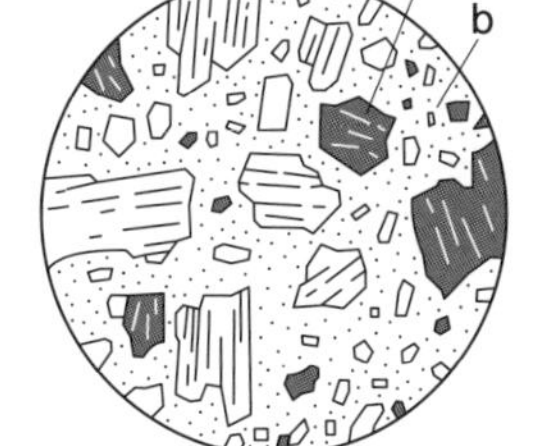

(1) マグマが地下深くで，ゆっくり冷えて固まった岩石のつくりはA，Bのどちらか。〔　　〕

(2) Bのaは大きな粒，bは灰色で一様なガラス質の部分であった。a，bの名称（めいしょう）を書きなさい。

a〔　　〕　b〔　　〕

(3) Aのようなつくりを何組織というか。〔　　〕

得点アップアドバイス

2

確認 マグマのねばりけと火山の形

マグマのねばりけが弱いと，比較的おだやかな噴火をし，冷え固まった岩石は黒っぽい色になる。

また，マグマのねばりけが強いと，爆発的（ばくはつてき）な噴火をし，冷え固まった岩石は白っぽい色になる。

3

鉱物はそれぞれの種類によって，色や形，割れ方などに特徴がある。

4

Aは鉱物の大きさがほぼ等しく，粒が大きいことから考えよう。

Step 2 実力完成問題

解答 別冊p.20

1 【火山噴出物】

右の図は，火山の断面の模式図である。次の問いに答えなさい。

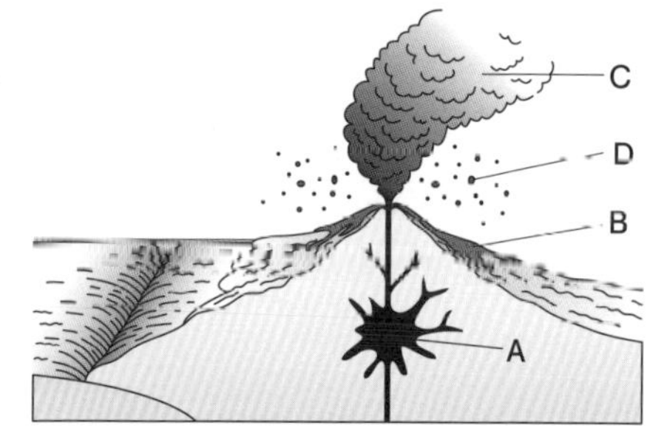

(1) 火山の下にあるAは，高温のためどろどろにとけた状態にある物質(ぶっしつ)である。この物質Aを何というか。 〔　　　〕

(2) 図中のBは，物質Aが地表に噴出(ふんしゅつ)して流れ出したものである。Bを何というか。 〔　　　〕

ミス注意 (3) 火山が噴火すると，火山ガスがふき出す。この火山ガスのおもな成分は何という気体か。 〔　　　〕

(4) 噴火のとき，火山ガスに混じって，直径2 mm以下の細かな粒(つぶ)Cがふき出した。また，ふき飛ばされたAが空中で冷え固まって特有な形をした大きなかたまりDも見られた。C，Dはそれぞれ何か。

C〔　　　〕 D〔　　　〕

2 【マグマと火山の形】

火山の形は，右の図のA～Cのように大きく分けられる。これについて，次の問いに答えなさい。

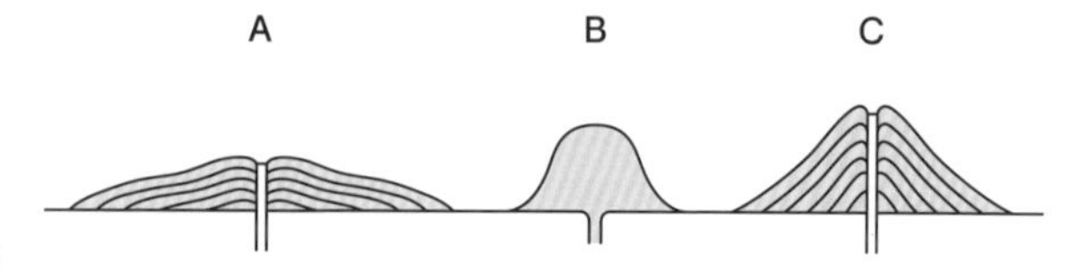

✓よくでる (1) A～Cの火山のうち，マグマのねばりけが最も弱いものはどれか。1つ選び，記号で答えなさい。 〔　　〕

(2) (1)のマグマが冷え固まったものの色は黒っぽいか，白っぽいか。 〔　　　〕

(3) A～Cの火山のうち，最も激しく爆発的(ばくはつてき)に噴火したと考えられるものはどれか。1つ選び，記号で答えなさい。 〔　　〕

3 【花こう岩の特徴と鉱物】

図は，花(か)こう岩(がん)の表面をルーペで観察したときのスケッチである。次の問いに答えなさい。

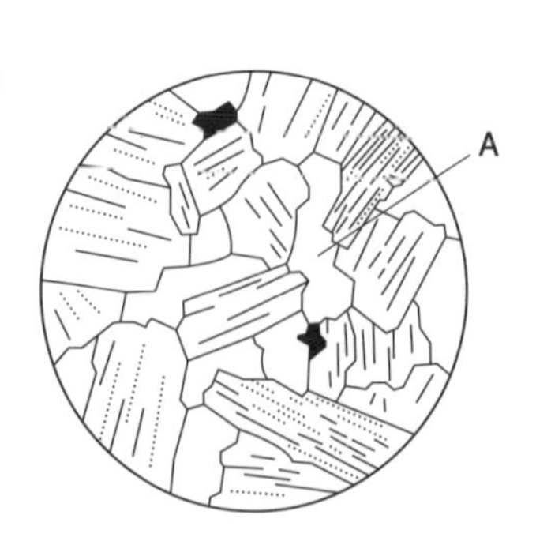

(1) 花こう岩にふくまれる鉱物(こうぶつ)のうち，Aは透明(とうめい)でかたく，不規則に割れる鉱物であった。Aは何という鉱物か。 〔　　　〕

✓よくでる (2) 花こう岩は，図のように同じくらいの大きさの粒がきっちり組み合わさっている。このようなつくりを何組織というか。 〔　　　〕

(3) 花こう岩は，マグマが地下深くでゆっくり冷やされてできる。このようにしてできた岩石を何というか。 〔　　　〕

4 【安山岩の特徴】

右の図は，安山岩を割って新しい面をルーペで拡大して見たときのスケッチである。次の問いに答えなさい。

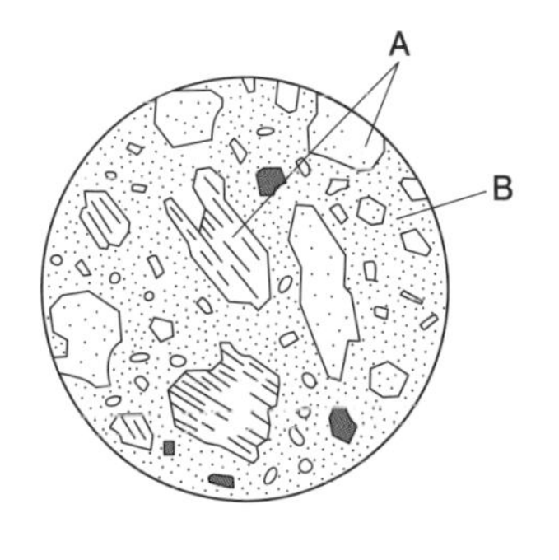

✓よくでる (1) Aのような大きな粒がいくつか散らばって見える。このAの部分を何というか。〔　　　　〕

✓よくでる (2) Bは灰色のガラス質でできている。この部分を何というか。〔　　　　〕

(3) A，Bの部分をもつ火成岩(かせいがん)のつくりを何組織というか。〔　　　　〕

(4) 安山岩はどのようにしてできたか。次のア～ウから1つ選び，記号で答えなさい。〔　　〕

ア　マグマが地表やその近くで急に冷え固まってできた。
イ　マグマが地下の深いところでゆっくり冷え固まってできた。
ウ　火山から噴出した火山灰(かざんばい)が押(お)し固められてできた。

5 【火成岩の分類】

右の図は，火成岩とその中にふくまれる鉱物の種類と割合との関係を示したものである。これについて，次の問いに答えなさい。

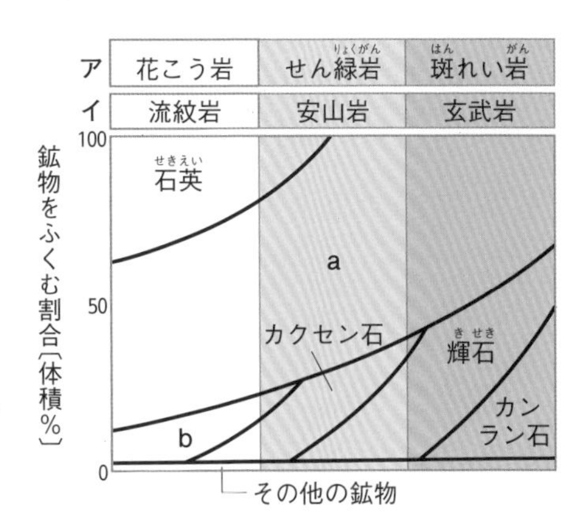

(1) 図のa，bで示した鉱物は何か。鉱物名をそれぞれ答えなさい。

a〔　　　　〕 b〔　　　　〕

(2) 深成岩(しんせいがん)はア，イのどちらか。〔　　〕

✓よくでる (3) 流紋岩(りゅうもんがん)と玄武岩(げんぶがん)のうち，黒っぽい岩石はどちらか。〔　　　　〕

入試レベル問題に挑戦

思考 **6** 【火山の形と火成岩】

右の表は，ある火成岩A，Bについて，ふくまれる鉱物の種類とその割合（体積%）を表したものである。これについて，次の問いに答えなさい。

鉱物の割合〔%〕

鉱物＼岩石	A	B
石英	33	
長石	61	52
輝石		32
カンラン石		16
黒雲母(くろうんも)	6	

(1) 火成岩Aの方がBよりも白っぽく見えた。その理由を，火成岩A，Bそれぞれにふくまれる無色鉱物の割合（%）を計算し，その数値を用いて説明しなさい。

〔　　　　　　　　　　〕

(2) よりねばりけが強いマグマが冷え固まってできたと考えられる岩石は，A，Bのどちらか。〔　　〕

ヒント

石英，長石は無色鉱物，輝石やカンラン石，黒雲母は有色鉱物である。

2 ゆれ動く大地

リンク ニューコース参考書 中1理科 p.210～220

攻略のコツ 地震計の記録や地震の波のグラフの読みとりがよく出題される！

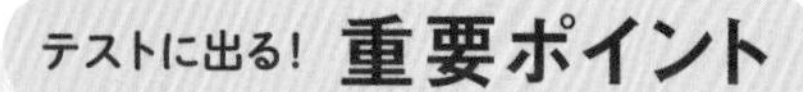

テストに出る！ 重要ポイント

● **震源と震央**
- ❶ 震源…地震が発生した地下の場所。
- ❷ 震央…震源の真上の地表の位置。

● **地震のゆれ**
- ❶ **初期微動**…はじめの小さなゆれ。**P波**が届くと起こる。

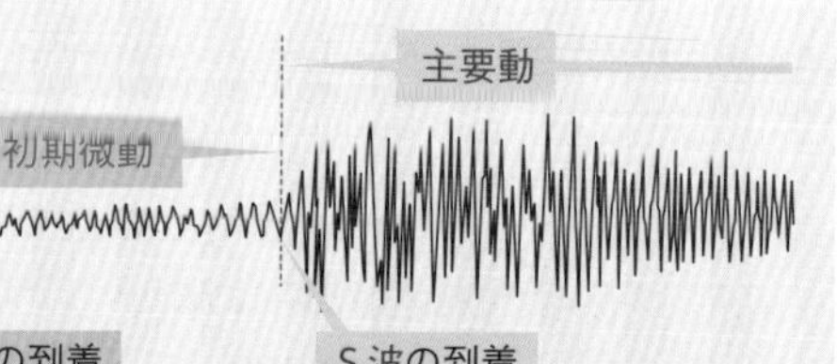

- ❷ **主要動**…あとからくる大きなゆれ。**S波**が届くと起こる。

● **地震のゆれの伝わり方**
- ❶ 地震のゆれは，震源から同心円状に一定の速さで伝わる。
- ❷ **初期微動継続時間**は，震源からの距離が長くなるほど比例して長くなる。

● **震度とマグニチュード**
- ❶ **震度**…地震のゆれの程度を表す。0～7の10段階ある。
- ❷ **マグニチュード**…地震そのものの規模の大きさ。

● **地震の起こる場所と原因**
- ❶ 日本付近の震源の分布…太平洋側に多く，日本海側にいくほど深くなる。
- ❷ 地震の原因…プレートの動きが原因と考えられている。

Step 1 基礎力チェック問題

解答 別冊p.20

1 次の〔　　〕にあてはまるものを選ぶか，あてはまる言葉を書きなさい。

- (1) 地震が発生した場所の真上の地表の地点を〔震源　震央〕という。
- (2) 地震のはじめの小さなゆれを〔　　　　〕，あとからくる大きなゆれを〔　　　　〕という。
- (3) P波は〔初期微動　主要動〕を起こす波である。
- (4) 初期微動継続時間が長いほど，震源からの距離は〔短い　長い〕。
- (5) 地震のゆれの程度を表すものを〔マグニチュード　震度〕という。
- (6) 日本付近では，内陸で起こる地震を除き，震源の浅い地震が多いのは〔日本海側　太平洋側〕である。
- (7) 地震は〔海水　プレート〕の動きが原因と考えられている。

得点アップアドバイス

1

(3) P波は速い波，S波は遅い波である。

(4) 初期微動継続時間は，震源からの距離に比例する。

(6) 日本付近では，日本列島の太平洋側にある海溝で，海洋プレートが大陸プレートの下に沈みこんでいる。

2 【地震のゆれ】

地震のゆれについて，次の問いに答えなさい。

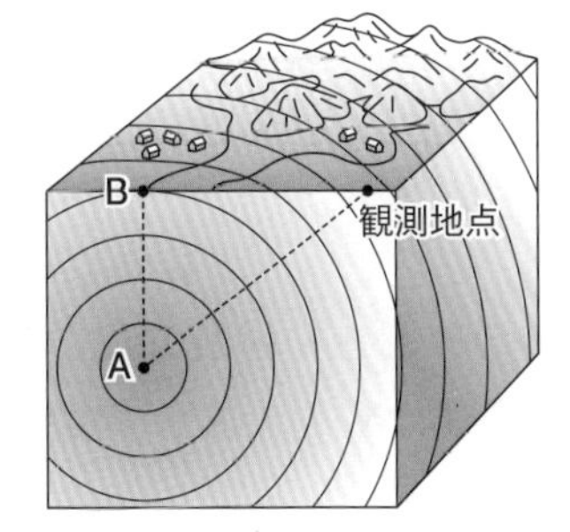

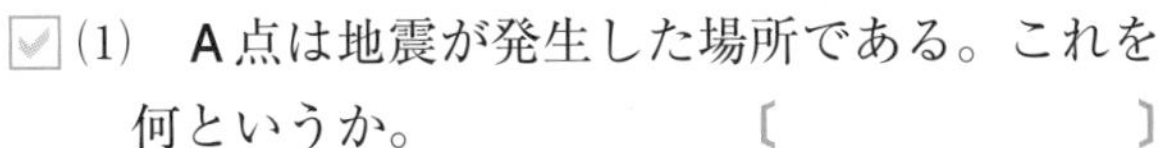

(1) **A**点は地震が発生した場所である。これを何というか。〔　　　　　〕

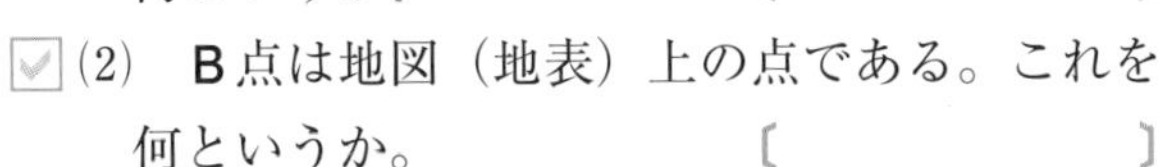

(2) **B**点は地図（地表）上の点である。これを何というか。〔　　　　　〕

(3) **A**点から観測地点に地震の波が伝わっていくとき，先に伝わるのは，P波とS波のうちのどちらか。〔　　　　　〕

(4) 地震そのものの規模の大きさを表すものを何というか。〔　　　　　〕

3 【地震計の記録】

右の図は，ある地点での地震計の記録である。次の問いに答えなさい。

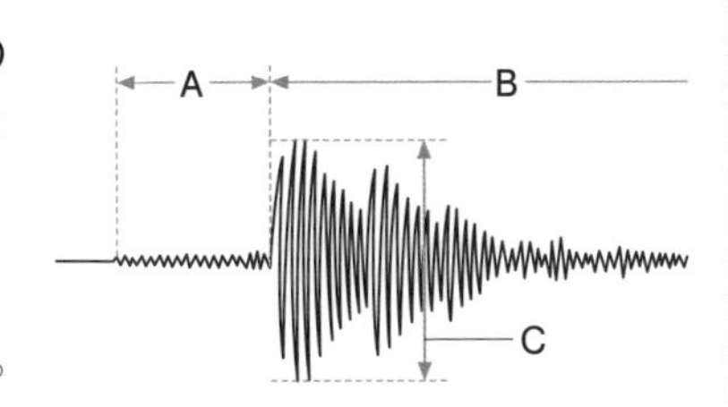

(1) 初期微動は，図の**A**，**B**のどちらか。〔　　　〕

(2) **B**は，地震のP波とS波のどちらが届くと起こるか。〔　　　　　〕

(3) 地震のゆれが大きくなると，**C**の大きさはどうなるか。下の**ア**～**ウ**から1つ選び，記号で答えなさい。〔　　　〕

ア　変わらない。　　**イ**　大きくなる。　　**ウ**　小さくなる。

4 【地震の波のグラフ】

右の図は，ある地震について，P波とS波の伝わる距離と地震発生からの時間との関係を示したものである。次の問いに答えなさい。

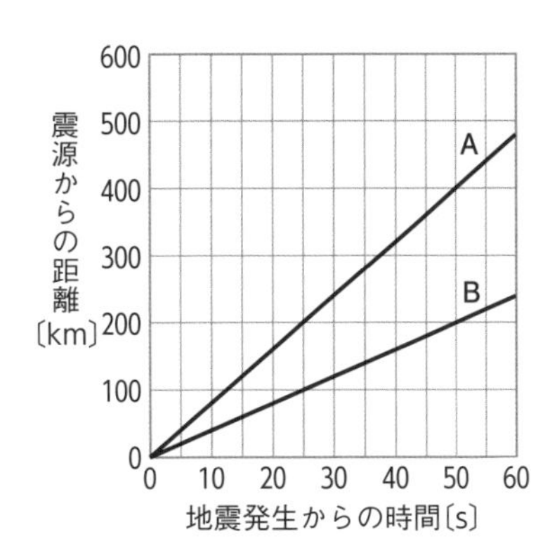

(1) S波の記録を表したグラフは，**A**，**B**のどちらか。〔　　　〕

(2) グラフの**A**で表される波の速さは何 km/s か。〔　　　　　〕

(3) 震源からの距離が 200 km の地点の初期微動継続時間は何秒か。〔　　　　　〕

(4) 図から，初期微動継続時間と震源からの距離にはどんな関係があると考えられるか。〔　　　　　〕

得点アップアドバイス

2

(3) 地震が起きると，A点からP波とS波が同時に発生する。P波ははじめの小さなゆれを起こし，S波はそのあとの大きなゆれを起こす。

3

4

(1) S波は，P波よりも伝わる速さが遅い。

(2) km/s は速さの単位。「キロメートル毎秒」と読む。s は second（秒）のこと。

400 km を伝わるのに 50 秒かかっている。

(3) 初期微動継続時間は，P波が到着する時刻とS波が到着する時刻の差である。

Step 2　実力完成問題

解答 別冊p.21

1 【地震のゆれ】

ある地点で地震（じしん）のゆれを地震計で記録したところ，右の図のようになった。次の問いに答えなさい。

A　B

✓よくでる (1)　地震のゆれのうち，はじめのゆれAを何というか。〔　　　〕

✓よくでる (2)　地震のゆれのうち，ゆれAに続いて起こるゆれBを何というか。〔　　　〕

(3)　ゆれAとゆれBでは，どちらが大きいか。〔　　　〕

ミス注意 (4)　このように，ゆれAが先に伝わり，そのあとゆれBが伝わるのはなぜか。理由として正しいものを次のア～ウから1つ選び，記号で答えなさい。〔　　　〕

ア　はじめに小さな地震が起きて，次に大きな地震が起こるから。

イ　ゆれAもゆれBも伝わる速さは同じだが，この地点は地下の構造がゆれAを通しやすいから。

ウ　ゆれAの方がゆれBよりも伝わる速さが速いから。

(5)　ゆれAが続く時間を何というか。〔　　　〕

(6)　この地震で，震源（しんげん）から160 kmの地点では，ゆれAが続いた時間が20秒であった。震源から240 kmの地点では，ゆれAは何秒間続いたか。〔　　　〕

2 【震度とマグニチュード，地震の災害】

右の図は，地震の震度（しんど）の分布を表している。次の問いに答えなさい。

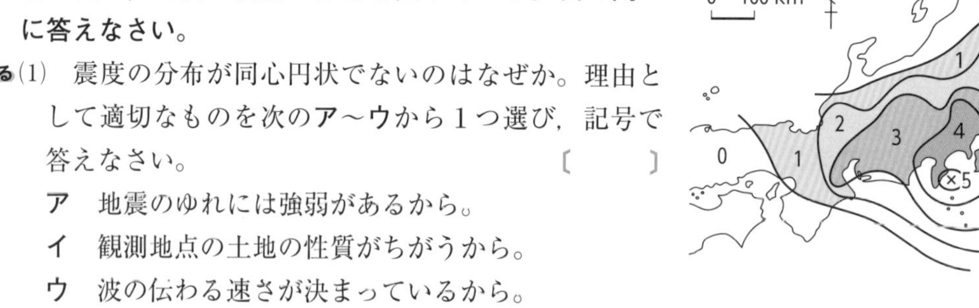

✓よくでる (1)　震度の分布が同心円状でないのはなぜか。理由として適切なものを次のア～ウから1つ選び，記号で答えなさい。〔　　　〕

ア　地震のゆれには強弱があるから。

イ　観測地点の土地の性質がちがうから。

ウ　波の伝わる速さが決まっているから。

(2)　マグニチュードとは，地震の何を表すものか。〔　　　〕

(3)　マグニチュードの値が1大きいと，地震のエネルギーは約何倍になるか。〔　　　〕

(4)　マグニチュードの値は，震度のように観測地点によって変わるか。〔　　　〕

(5)　次のア～エのうち，地震にともなう現象ではないのはどれか。1つ選びなさい。

ア　地割れ　　イ　断層（だんそう）　　ウ　台風　　エ　津波（つなみ）〔　　　〕

3 【震源の分布と地震の原因】

図は，日本列島付近の地下のようすを表したもので，図中の黒い点はある1年間に東北地方付近で起こったマグニチュード3.0以上の地震の震源を表している。次の問いに答えなさい。

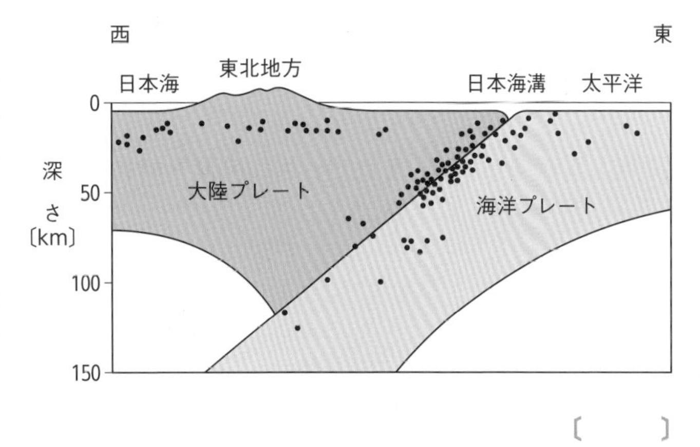

(1) 図の震源の分布について説明している文として，誤っているものを次のア～エから1つ選び，記号で答えなさい。 〔　　〕

ア 日本列島の地下では，深さ50 kmより浅いところに多く分布する。

イ 日本海溝(かいこう)を境にして日本列島側に多く分布する。

ウ プレートの境界付近では，深くなるにしたがって多く分布する。

エ 日本海溝より東側では，深さ50 kmより浅いところに多く分布する。

✓よくでる (2) 次の文は，日本列島付近での，プレートの動きと規模の大きな地震との関係について述べたものである。文中の①，②にあてはまる言葉を書きなさい。

①〔　　　〕 ②〔　　　〕

> （　①　）プレートは，海溝で（　②　）プレートの下に沈(しず)みこむ。このため（　②　）プレートは引きずられて，内部に蓄積(ちくせき)されたひずみにたえきれなくなって反発する。このようにして規模の大きな地震が起こると考えられている。

入試レベル問題に挑戦

4 【地震の波】

右の表は，ある地震について，観測地点の震源からの距離(きょり)と地震の波が到着(とうちゃく)した時刻とをまとめたものである。これについて，次の問いに答えなさい。

震源からの距離〔km〕	P波が到着した時刻	S波が到着した時刻
40 km	12時30分37秒	12時30分42秒
160 km	12時30分52秒	12時31分12秒

(1) 震源からの距離が120 kmの地点における初期微動継続時間(しょきびどうけいぞくじかん)は何秒か。

〔　　〕

(2) この地震が発生した時刻を求めなさい。 〔　　〕

(3) 震源からの距離が40 kmの場所にある地震計がP波を検知してから，3秒後に緊急地震速報(きんきゅうじしんそくほう)が出たとする。震源からの距離が80 kmの地点では，緊急地震速報を受けとってから何秒後に大きなゆれが始まるか。 〔　　〕

ヒント

(3) 大きなゆれはS波が届くと始まる。80 kmの地点にS波が到着する時刻を求めよう。

定期テスト予想問題 ⑦

時間 50分
解答 別冊p.21

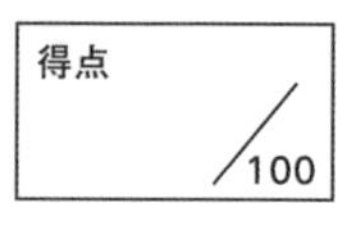

1

次のA～Cは，それぞれ火山の形を模式的に表したものである。これについて，あとの問いに答えなさい。 【3点×3】

A

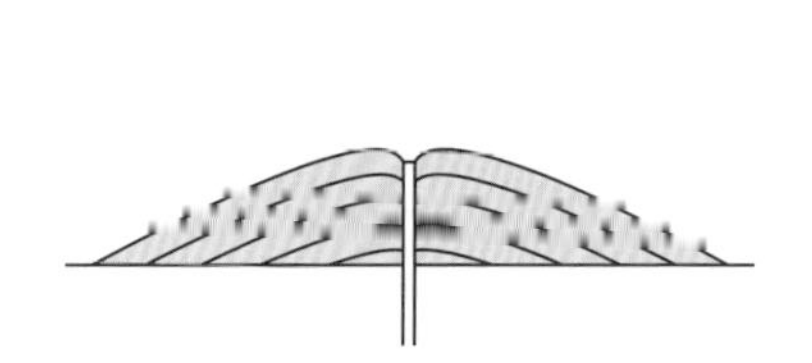

B

C

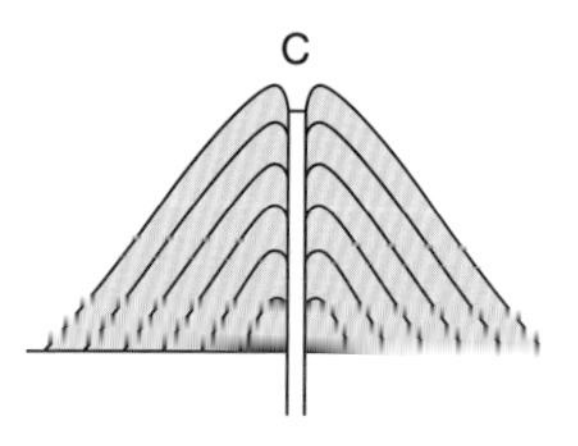

(1) 図のA～Cを，マグマのねばりけが強い順に並べなさい。

(2) 図のA～Cの中で，爆発をともなう激しい噴火をするのはどれか。記号で答えなさい。

(3) 噴出された火山灰にふくまれている鉱物を調べたとき，有色鉱物が最も多くふくまれているのは，図のA～Cのどれか。記号で答えなさい。

2

図1は2種類の火成岩A，Bを観察してスケッチしたものである。これについて，次の問いに答えなさい。 【3点×4】

(1) 図1のPの部分は，小さな鉱物の集まりやガラス質である。この部分を何というか。

(2) 火成岩Bは，同じくらいの大きさの粒が集まってできていた。このようなつくりを何組織というか。

(3) 図2は，火成岩の色合いとふくまれている鉱物の割合の関係を表したものである。白っぽいのは図1の火成岩A，Bのどちらか，記号で答えなさい。

(4) 火成岩A，Bは，花こう岩と安山岩のつくりを示したものである。安山岩のつくりを示しているのはどちらか，記号で答えなさい。

図1

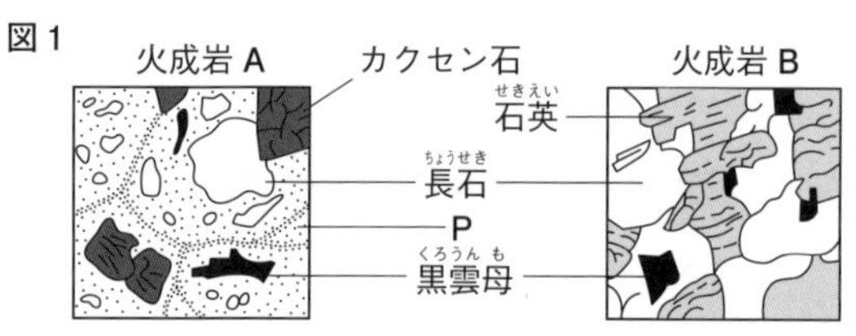

図2

火成岩の色　白っぽい　黒っぽい
無色鉱物　石英　長石
有色鉱物　黒雲母　カクセン石　輝石　カンラン石

(1)		(2)		(3)		(4)	

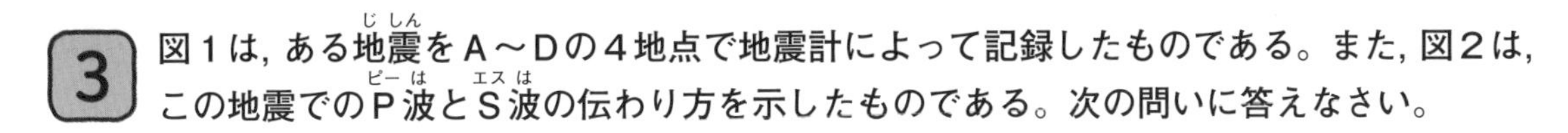

3 **図1は，ある地震をA～Dの4地点で地震計によって記録したものである。また，図2は，この地震でのP波とS波の伝わり方を示したものである。次の問いに答えなさい。**

【4点×4】

(1) A～Dのうち，震源に最も近いのはどこか。1つ選び，記号で答えなさい。

(2) 初期微動を起こすのは，P波，S波のどちらか。また，その波の伝わる速さを**図2**より求めなさい。

(3) 震源から80 km離れた地点では，初期微動の続く時間は何秒か。

図1

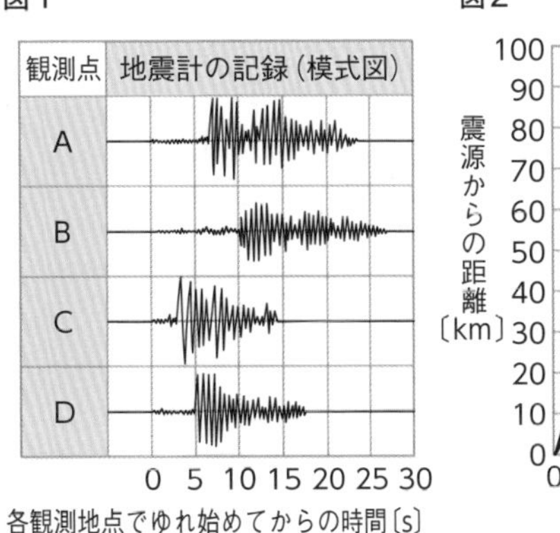

図2

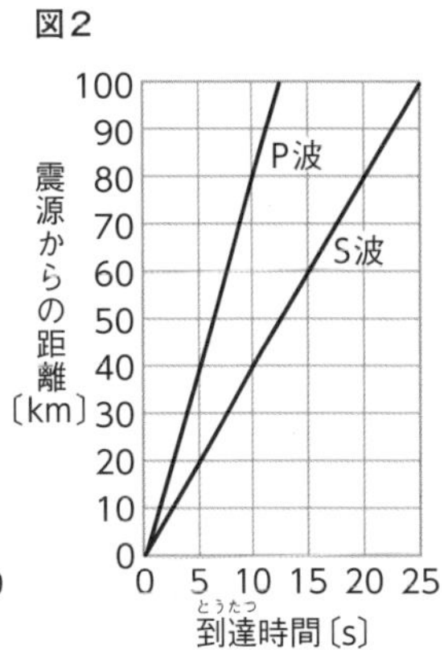

(4) この地震のマグニチュードは5.3であったという。マグニチュードの説明として正しいのは，次の**ア**～**エ**のどれか。1つ選び，記号で答えなさい。

ア 観測地点での地面のゆれの程度を表すもので，観測地点での地震のエネルギーの大きさを示すものである。

イ 観測地点での地面のゆれの程度を表すもので，地震のエネルギーの大きさを示すものである。

ウ 地震のエネルギーの大きさを示すものであり，観測地点での地面のゆれの程度を表すものではない。

エ 観測地点での地震のエネルギーの大きさを示すものであり，観測地点での地面のゆれの程度を表すものではない。

(1)		(2)	波	速さ	(3)		(4)	

4 **地球の表面は厚さ100 kmほどの岩盤でおおわれ，それぞれの岩盤は年間に1 cm～10 cmの速さで動いている。右の図は，日本列島から太平洋にかけての地下のようすを示している。次の問いに答えなさい。**

【3点×3】

(1) 図の岩盤A，Bのように，地表をおおっている岩盤を何というか。

(2) 大地震が発生しやすい場所を，図の**ア**～**オ**から1つ選び，記号で答えなさい。

(3) 岩盤Aは，矢印aとbのどちらに動いているか。

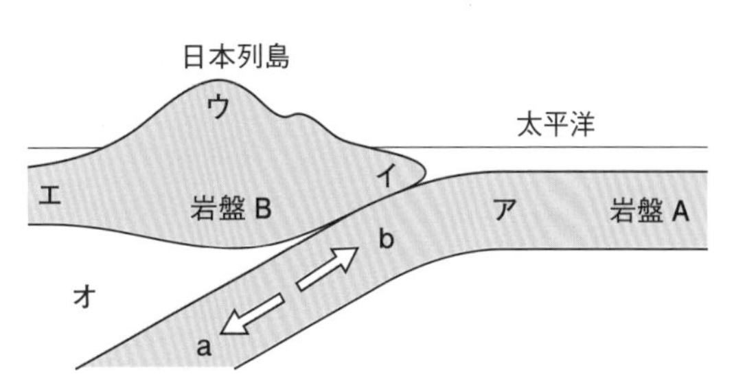

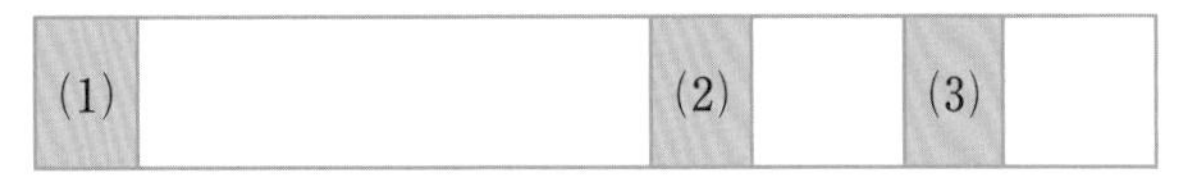

(1)		(2)		(3)	

5 火成岩のでき方を調べるために，次に示すような手順でモデル実験を行った。この実験について，次の問いに答えなさい。

【3点×4】

〈実験〉ビーカーに入れた60℃の湯20gにミョウバン10gをとかした濃いミョウバンの水溶液を2つ用意し，a，bとする。aは湯につけ，そのまま放置してゆっくり冷やした。bは氷水につけ，急速に冷やした。結晶が出てきたあと，それぞれを観察してスケッチした。

a　b

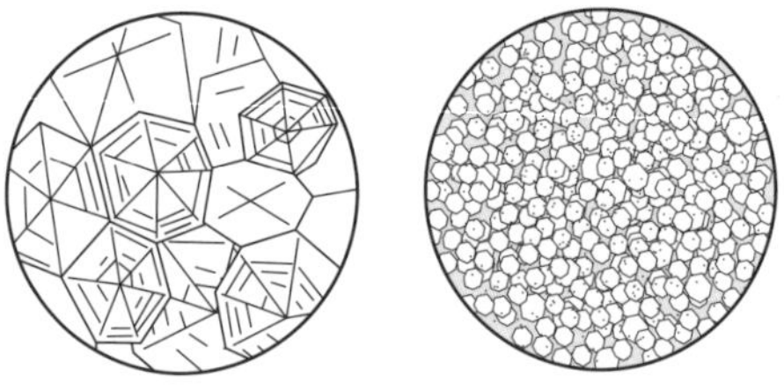

(1) この実験から，冷やし方のちがいによってミョウバンの何がちがってくるか。

(2) 次の文の ① ， ② にあてはまる火成岩の種類を答えなさい。

> この実験は，火成岩のでき方に対応させたもので，図のaを ① の，図のbを ② のつくりのモデルとして考えたものである。

(3) bのようなでき方の火成岩は次のア～エのどれか。1つ選び，記号で答えなさい。

ア　玄武岩　　イ　斑れい岩　　ウ　花こう岩　　エ　せん緑岩

(1)		(2)	①	②	(3)	

6 右の図は，1970年から1977年までに，日本付近で発生したマグニチュード5.0以上のおもな地震の震央の分布を示したものである。次の問いに答えなさい。

【4点×3】

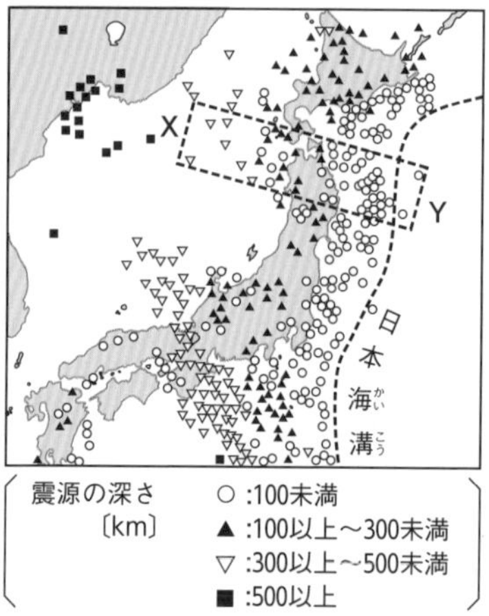

(1) マグニチュードの値は何を表しているか。次のア～エから1つ選び，記号で答えなさい。

ア　地震の規模　　イ　観測地点のゆれの程度

ウ　地震波の速さ　エ　観測地点から震央までの距離

(2) 右の図のXYの□で囲んだ地域における震源の深さの分布を，模式的に表すとどうなるか。次のア～エから適切なものを1つ選び，記号で答えなさい。

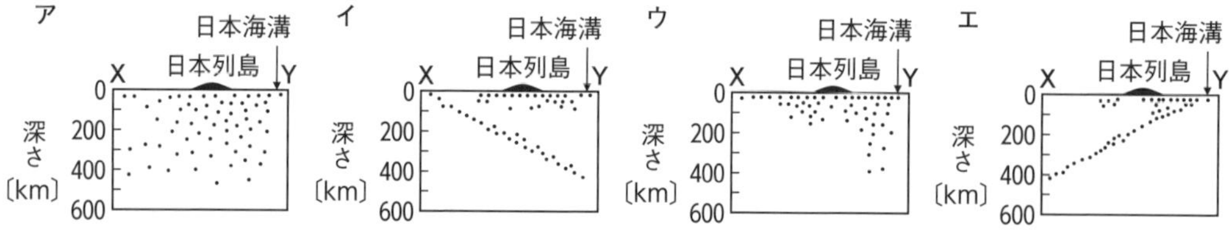

（・印は震源を表す。）

(3) 日本列島の地下の浅いところでは，くり返しずれが生じる断層が動いて地震が起こることがある。このような断層を何というか。

(1)		(2)		(3)	

ある火山で，火山灰や岩石の観察を行った。これについて，次の問いに答えなさい。

【4点×5】

〈観察1〉採集した火山灰を双眼実体顕微鏡で観察したところ，**表**のような鉱物が観察できた。
〈観察2〉採集した岩石**A**をルーペで観察した。**図**は，そのスケッチを示し，岩石**A**は全体に白っぽく，**表**と同じ鉱物からできていた。

表

鉱物名	スケッチ	特　徴
石英		無色で不規則な形をしている。
長石		白色で割れ目は平らである。
（　　）		黒色でうすくはがれる平らな面をもつ。

図　岩石A

(1)　火山灰を双眼実体顕微鏡で観察する前に行うこととして最も適切なのは，次の**ア**～**エ**のどれか。1つ選び，記号で答えなさい。

ア　塩酸で粒をとかす。　　**イ**　粒を水で固める。
ウ　水で洗い，粒だけを残す。
エ　磁石に吸いつく粒だけを選ぶ。

(2)　表中の（　　）にあてはまる鉱物名を答えなさい。
(3)　火山で採集した軽石には，表面に小さい穴があった。このような穴ができた理由を簡単に答えなさい。
(4)　観察2の結果から，岩石**A**の岩石名として最も適切なものは，次の**ア**～**エ**のどれか。
ア　安山岩　　**イ**　花こう岩　　**ウ**　流紋岩　　**エ**　玄武岩
(5)　火山ガスのおもな成分は何か。次の**ア**～**エ**から1つ選び，記号で答えなさい。
ア　二酸化硫黄　　**イ**　水素　　**ウ**　二酸化炭素　　**エ**　水蒸気

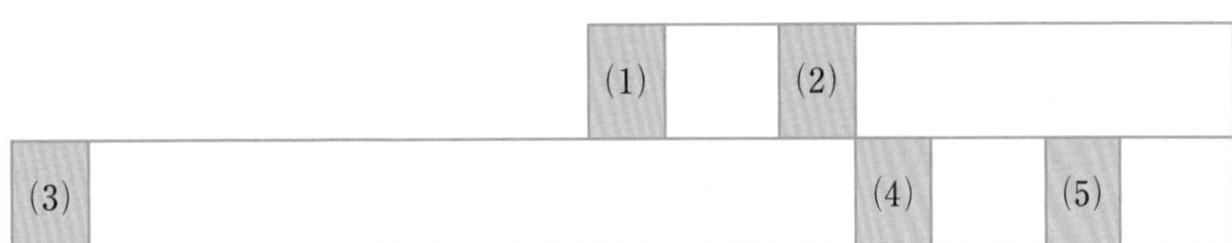

8

図1，図2は，たがいに震源が近いところにある2つの地震の震度を示したものである。これについて，次の問いに答えなさい。

【(2)は4点，ほかは3点×2】

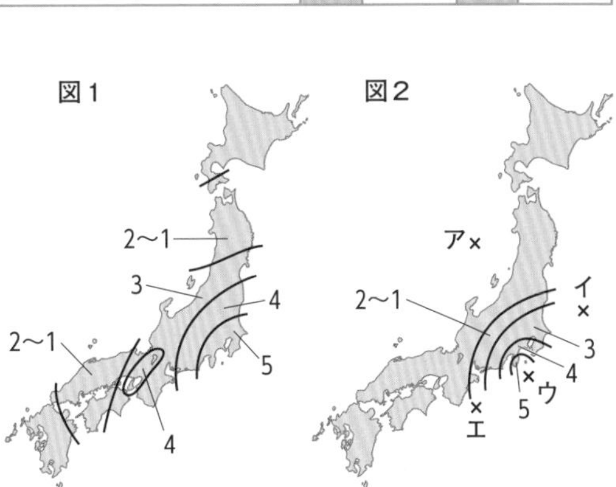

(1)　**図2**での地震の震央を**ア**～**エ**から1つ選び，記号で答えなさい。
(2)　マグニチュードが大きいと考えられる地震は，**図1**，**図2**のどちらか。また，その理由を答えなさい。
(3)　震源が海底にあるとき，何が発生して海岸沿いに被害をもたらす可能性があるか。

3 地層のでき方と堆積岩

リンク
ニューコース参考書
中1理科
p.221～227

攻略のコツ いろいろな堆積岩のでき方や特徴がよく問われる！

テストに出る！ 重要ポイント

- **地層**　堆積物が層状に積み重なったもの。連続して堆積した場合，下の地層ほど古く，上の地層ほど新しい。
- **地層のでき方**
  ❶ **風化**…岩石が表面からくずれる現象。
  ❷ **侵食**…風や流水などによって土地や岩石がけずられること。
  ❸ **地層のでき方**…れき・砂・泥が流水によって運搬され，海底などに堆積する。粒の大きいものほど海岸近くで堆積する。
- **堆積岩**　**堆積岩**…堆積物が押し固められてできた岩石。粒が丸みを帯びたものが多く，化石をふくむことがある。
  ❶ れき・砂・泥がもとになる…**れき岩**，**砂岩**，**泥岩**
  ❷ 火山噴出物がもとになる…**凝灰岩**
  ❸ 生物の死がいなどがもとになる…**石灰岩**，**チャート**

Step 1 基礎力チェック問題

解答 別冊p.22

1 次の〔　　〕にあてはまるものを選ぶか，あてはまる言葉を書きなさい。

(1) 連続して堆積した地層では，下のものほど〔新しい　古い〕。
(2) 火山灰の地層があった場合，その地層ができたときに〔　　　　〕があったと考えられる。
(3) 岩石が温度変化などで表面からくずれることを〔　　　　〕という。
(4) 流水などで，岩石がけずられることを〔　　　　〕という。
(5) 土砂が堆積するとき，粒が〔小さい　大きい〕ほどはやく沈む。
(6) 堆積岩は，粒が〔丸みを帯びている　角ばっている〕ものが多い。
(7) れき岩，砂岩，泥岩は，粒の〔大きさ　かたさ〕で分けられる。
(8) 〔石灰岩　チャート〕に塩酸をかけると二酸化炭素が発生する。
(9) 非常にかたいため，昔は火打ち石としても使われていたのは，〔凝灰岩　チャート〕である。
(10) 凝灰岩は，火山活動によって噴出した〔火山灰　土砂〕などが堆積し，押し固められてできるため，岩石をつくる粒は〔丸みを帯びている　角ばっている〕。

得点アップアドバイス

1

(1) 堆積物は，下から上へと積み重なる。
(2) 火山灰の層は，地層の広がりを調べる手がかりとなる。このような層を鍵層という。
(5) 粒が大きいものほど海岸近くに堆積する。
(6) れき岩，砂岩，泥岩は，川の水によって運搬された土砂が堆積して押し固められた堆積岩である。

ヒント **石灰岩とチャート**
石灰岩の主成分は炭酸カルシウムで，チャートの主成分は二酸化ケイ素である。

2 【地層のでき方】

図１は，河口付近の海底の堆積物のようすを示したものである。これについて，次の問いに答えなさい。

(1) **図１のA～Cの堆積物は，おもに何と考えられるか。次のア～エから１つ選び，記号で答えなさい。** 〔　　〕

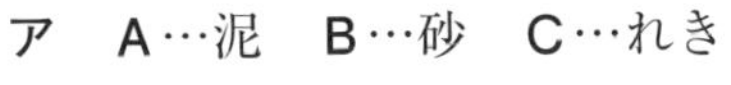

ア　A…泥　B…砂　C…れき
イ　A…泥　B…れき　C…砂
ウ　A…れき　B…砂　C…泥
エ　A…れき　B…泥　C…砂

図１

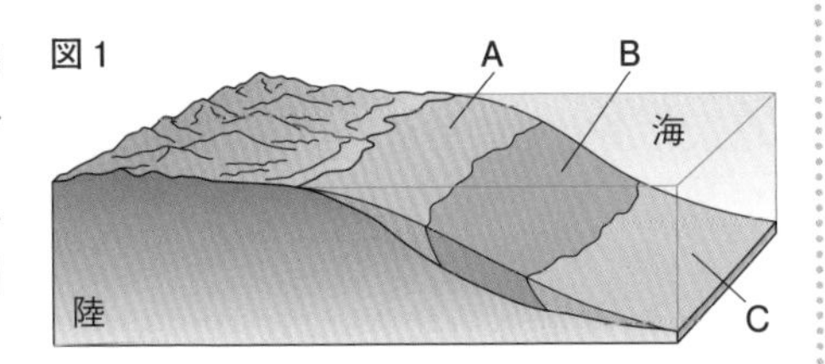

図２

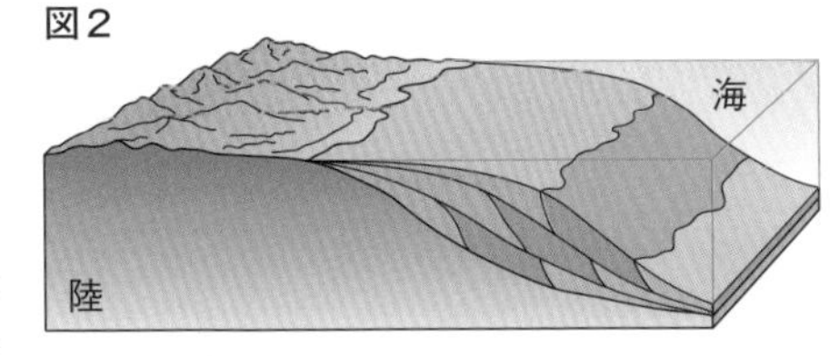

(2) **図２は，図１のような層がいくつか積み重なったようすを示したものである。連続して堆積した場合，上の層と下の層ではどちらが古いか。** 〔　　〕

3 【堆積岩の特徴】

堆積岩の種類について，次の問いに答えなさい。

(1) 堆積岩のうち，れき岩，砂岩，泥岩は何によって区別されるか。次のア～エから１つ選び，記号で答えなさい。 〔　　〕

ア　岩石のかたさ　　イ　岩石の色
ウ　化石の有無　　エ　粒の大きさ

(2) 右の図は，土砂からできたある堆積岩をスケッチしたものである。この堆積岩は何か。名称(めいしょう)を答えなさい。 〔　　〕

5mm

(3) 図の堆積岩の粒の形が丸い理由を，次のア～ウから選び，記号で答えなさい。 〔　　〕

ア　流水で運ばれる間に角がけずられたから。
イ　海底に堆積したあと，押し固められたから。
ウ　生物の死がいなどが固まってできたから。

4 【堆積岩】

化石をふくむことがない岩石はどれか。次のア～エから１つ選び，記号で答えなさい。 〔　　〕

ア　花(か)こう岩(がん)　　イ　泥岩
ウ　砂岩　　エ　凝灰岩

2

(1) 粒の大きさが大きいほど，海岸線に近いところに堆積する。

(2) 堆積物は，下から上へと堆積する。

3

4

堆積岩でないものを選ぶ。

Step 2　実力完成問題

解答 別冊p.23

1 【堆積物の大きさ】

右の図は，河口付近の海底での土砂の堆積のようすを示したものである。次の問いに答えなさい。

A　B　C　海

(1)　図のA～Cのうち，多量のれきが堆積していると考えられるのはどこか。記号で答えなさい。　〔　　〕

ミス注意 (2)　このあと，海面が上昇したとすると，Aに堆積する土砂の粒の大きさは，大きくなるか，小さくなるか。　〔　　〕

2 【堆積岩の特徴】

次の①～④は，堆積岩の特徴を述べたものである。それぞれあとのア～カのどの堆積岩のことか。記号で答えなさい。

①〔　　〕②〔　　〕③〔　　〕④〔　　〕

①　土砂が堆積してできたもので，直径が2 mm以上の粒からできている。
②　土砂が堆積してできたもので，直径が0.06 mm以下の粒からできている。
③　火山灰や火山れきなどが押し固められてできている。
④　生物の死がいや水中にとけていた物質が堆積して固まった岩石で，うすい塩酸をかけると，泡が発生する。

ア　チャート　　イ　れき岩　　ウ　泥岩　　エ　砂岩
オ　凝灰岩　　カ　石灰岩

3 【流水のはたらき】

流水には，侵食，運搬，堆積の３つの作用がある。次の図１～図３は，流水によってつくられる代表的な地形を表している。これについて，あとの問いに答えなさい。

図1

図2　©アフロ

図3　©アフロ

(1)　図１～図３の地形は，それぞれ何とよばれるか。

図1〔　　〕 図2〔　　〕 図3〔　　〕

(2)　侵食作用が最も大きくはたらいてできた地形はどれか。図の番号で答えなさい。　〔　　〕

(3)　果樹園に最も適した地形はどれか。図の番号で答えなさい。　〔　　〕

4 【堆積岩】

石灰岩とチャートのつくりを調べた。これについて，次の問いに答えなさい。

(1) うすい塩酸を加えたとき，泡が発生するのはどちらか。〔　　　〕

(2) 発生した泡は何か。気体名を答えなさい。〔　　　〕

(3) くぎでこすったとき，傷がつかないのはどちらか。〔　　　〕

✓よくでる (4) 石灰岩はどのようにしてできたか。次のア～エから1つ選び，記号で答えなさい。〔　　　〕

ア　炭酸カルシウムの骨格や殻(から)をもつ生物の死がいが陸上で堆積し固まった。

イ　炭酸カルシウムの骨格や殻をもつ生物の死がいが海底に堆積し固まった。

ウ　二酸化ケイ素の殻をもつ生物の死がいが陸上で堆積し固まった。

エ　二酸化ケイ素の殻をもつ生物の死がいが海底に堆積し固まった。

5 【堆積岩】

右の図は，２種類の岩石の表面をルーペで観察し，スケッチしたものである。これについて，次の問いに答えなさい。

A　B

(1) スケッチした人が，A，Bのうち，片方は堆積岩であると判断した。それは，A，Bのどちらか。記号で答えなさい。〔　　　〕

✓よくでる (2) (1)のように判断した理由を書きなさい。〔　　　〕

(3) 化石(かせき)がふくまれている可能性があるのはA，Bのどちらの岩石か。記号で答えなさい。〔　　　〕

(4) 次のア～オのうち，堆積岩をすべて選び，記号で答えなさい。〔　　　〕

ア　花(か)こう岩(がん)　イ　砂岩　ウ　凝灰岩　エ　安山岩(あんざんがん)　オ　チャート

入試レベル問題に挑戦

6 【堆積岩の分類】

以下のア～カの堆積岩について，あとの問いに答えなさい。

ア　泥岩　イ　れき岩　ウ　チャート　エ　凝灰岩　オ　石灰岩　カ　砂岩

(1) 粒(つぶ)の大きさによって分けられるものはどれか。すべて記号で答えなさい。〔　　　〕

(2) (1)で選んだものとは粒の形が異なるものはどれか。記号で答えなさい。〔　　　〕

(3) 粒の大きさや形で分けられない堆積岩を区別するには，どのような実験を行えばよいか。２つの方法をそれぞれ簡単に書きなさい。

〔　　　〕

〔　　　〕

ヒント

(3) 岩石のかたさやふくまれている成分を調べる。

4 化石と地層からわかること

リンク
ニューコース参考書
中1理科
p.228～242

攻略のコツ 化石からわかること，火山，地震とプレートの関係がよく問われる！

テストに出る！ 重要ポイント

● 化石

化石…生物の死がいや足跡などが，地層の中に残ったもの。

❶ **示相化石**…地層が堆積した当時の**環境**がわかる。

例 サンゴ（あたたかくて浅い海）

❷ **示準化石**…地層が堆積した**時代**がわかる。

例 フズリナ（古生代），アンモナイト（中生代），ビカリア（新生代）

● 地層の変形

❶ **断層**…地層が切れてずれることによってできたくいちがい。

❷ **しゅう曲**…地層に力がはたらいて押し曲げられたもの。

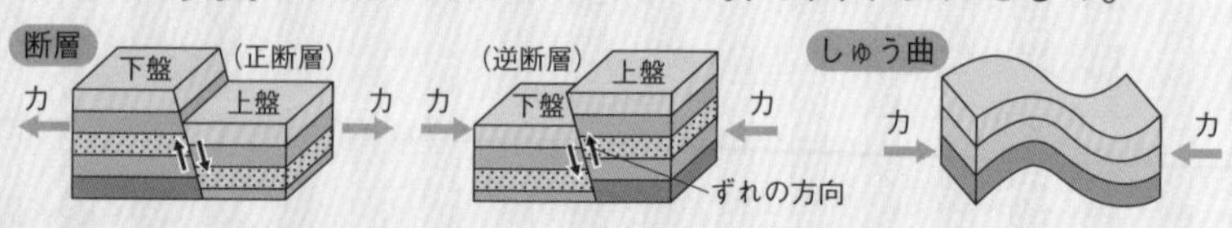

● 大地の変動と地形

❶ **隆起**…海水面に対して，土地が上がること。

❷ **沈降**…海水面に対して，土地が下がること。

● プレート

❶ **プレート**…地球の表面をおおっている，厚い岩盤。プレートが動くことにより大地が変動する。

❷ プレートの境界…大山脈ができたり，火山や地震が多い。

Step 1 基礎力チェック問題

解答 別冊p.23

1 次の〔　　〕にあてはまるものを選ぶか，あてはまる言葉を書きなさい。

(1) その地層が堆積した当時の環境を示す化石を〔示相化石　示準化石〕という。

(2) サンヨウチュウは，〔古生代　中生代　新生代〕に栄えた生物で，〔示相化石　示準化石〕となる。

(3) 海水面に対して，土地が上がることを〔　　　〕，土地が下がることを〔　　　〕という。

(4) 地表をおおう，厚さ100 km程度の岩盤を〔　　　〕という。

(5) 日本海溝では，〔大陸プレート　海洋プレート〕が沈みこんでいる。

(6) プレートができる場所を〔海嶺　海溝〕という。

得点アップアドバイス

1

(1) 示相化石となる生物には，サンゴ，アサリ，ブナなどがある。示準化石となる生物には，ビカリア，アンモナイト，フズリナなどがある。

2 【地層からわかること】

右の図は，あるがけに見られた地層の重なりの柱状図(ちゅうじょうず)である。地層はそれぞれ水平に堆積していた。これについて，次の問いに答えなさい。

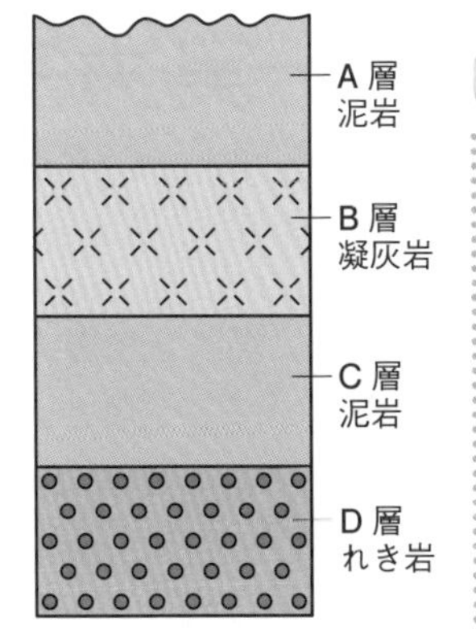

(1) A～D層の中で最も古い地層はどれと考えられるか。 〔　　　　〕

(2) B層の凝灰岩(ぎょうかいがん)から，堆積当時この付近ではどんなことがあったと考えられるか。

〔　　　　〕

(3) C層の泥岩からはビカリアの化石が見つかった。この地層が堆積した年代はいつごろと考えられるか。次のア～ウから1つ選び，記号で答えなさい。 〔　　〕

ア　古生代　　イ　中生代　　ウ　新生代

(4) この地域は過去に，海岸線に近い海底から，やがて遠い海底になった時代があったと考えられる。その根拠(こんきょ)を述べた次のア～ウから，正しいものを選び，記号で答えなさい。 〔　　〕

ア　D層のれき岩の上に，C層の泥岩(でいがん)が堆積している。

イ　C層の泥岩の上に，B層の凝灰岩が堆積している。

ウ　B層の凝灰岩の上に，A層の泥岩が堆積している。

3 【地層の変形】

下の図は，地層に力がはたらいて，地層が変形したようすを示している。B，Cの矢印は，地層が動いた方向を表している。あとの問いに答えなさい。

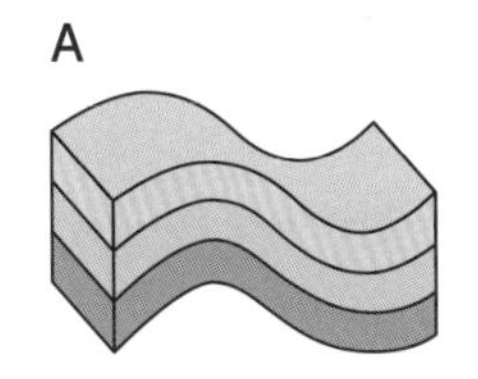

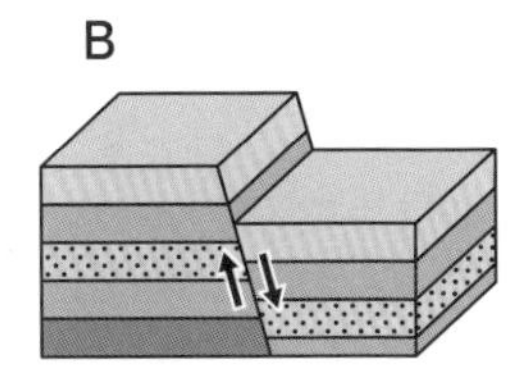

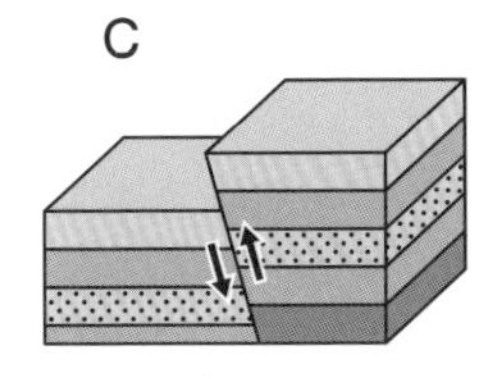

(1) Aのような地層が押し曲げられたものを何というか。

〔　　　　〕

(2) B，Cのような地層のくいちがいを何というか。 〔　　　　〕

(3) A～Cは，地層にどのような力がはたらいたか。次のア，イからそれぞれ1つずつ選び，記号で答えなさい。

ア　地層に横から押す力がはたらいた。

イ　地層に横に引っ張られる力がはたらいた。

A〔　　〕 B〔　　〕 C〔　　〕

(4) 地層が変形するのは，何の動きによる力がはたらくからか。

〔　　　　〕

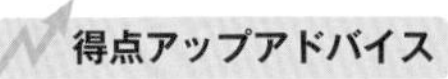

2

(2) 凝灰岩は，火山灰(かざんばい)などの火山噴出物(かざんふんしゅつぶつ)が押し固められてできた堆積岩である。

(4) 海岸線に近い海底の堆積物と遠い海底の堆積物は粒の大きさがちがう。

3

こうした地層の変形は，プレートの動きによる力が引き起こすよ。

(3) Bはずれを生じた面の上側の地盤(じばん)（上盤）がすべり落ち，Cは上盤がずり上がっている。

Step 2　実力完成問題

解答 ▶ 別冊p.23

1 【地層の観察】

図は，道路の切り通しに現れた地層のようすを示している。これについて，次の問いに答えなさい。

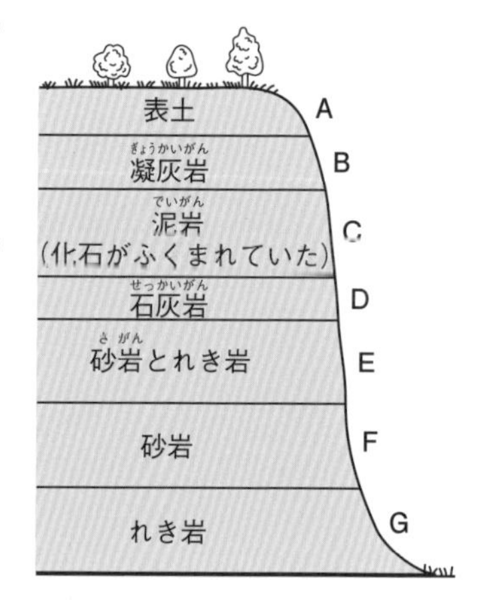

よくでる (1) 火山の噴火が近くであったことを示す地層は，A～G層のどれか。1つ選び，記号で答えなさい。〔　　〕

(2) C層には，新生代の地層であることを示す化石が見つかった。その化石として適切なのは，次のア～エのうちのどれか。1つ選び，記号で答えなさい。〔　　〕

ア ビカリア　　イ フズリナ

ウ サンヨウチュウ　　エ アンモナイト

(3) F層には，ホタテガイの化石が見られた。当時ここはどんなところであったといえるか。次のア～エから1つ選び，記号で答えなさい。〔　　〕

ア 沼の底　イ 冷たく浅い海　ウ 川底　エ あたたかく浅い海

(4) ホタテガイの化石のように，堆積した当時の環境を推定するのに役立つ化石を何というか。〔　　　　〕

2 【地層の傾き】

ある地域において，A，B，Cの3地点で地層の重なり方を調べた。図1はこの地域の地形図であり，図2は各地点で調べた結果を表したものである。なお，この地域では，凝灰岩の層は1つしかなく，また，地層には上下の逆転や断層は見られず，各層は平行に重なり，ある方向に傾いている。これについて，あとの問いに答えなさい。ただし，A点はB点の真西に，C点はB点の真南にあるものとする。

図1

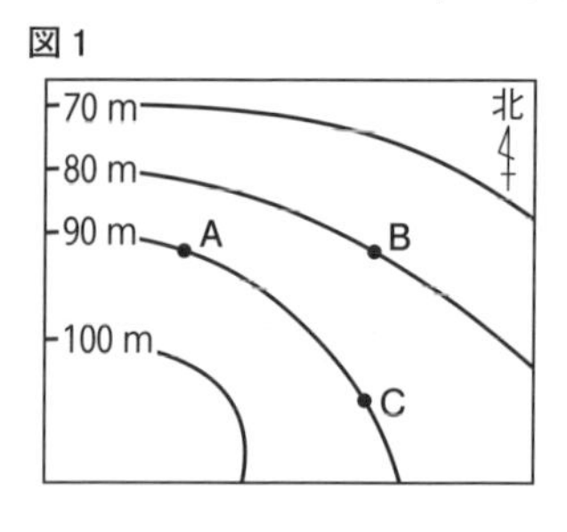

図2

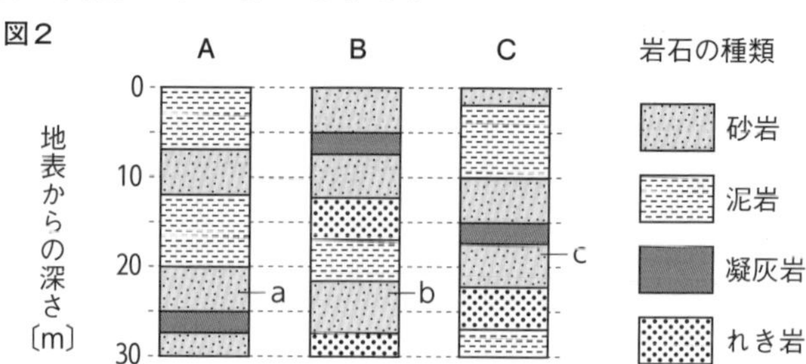

(1) ある地域の地層を図2のように表したものを何図というか。〔　　　　〕

ミス注意 (2) 図2に示したa，b，cの地層を，堆積した時代が古いと考えられるものから順に記号を並べなさい。〔　→　→　〕

思考 (3) この地域の地層は傾いている。次のア～エのうち，どの方向に低くなっていると考えられるか。1つ選び，記号で答えなさい。〔　　〕

ア 東　イ 西　ウ 南　エ 北

3 【化石と堆積した時代】

アンモナイトの化石について，次の問いに答えなさい。

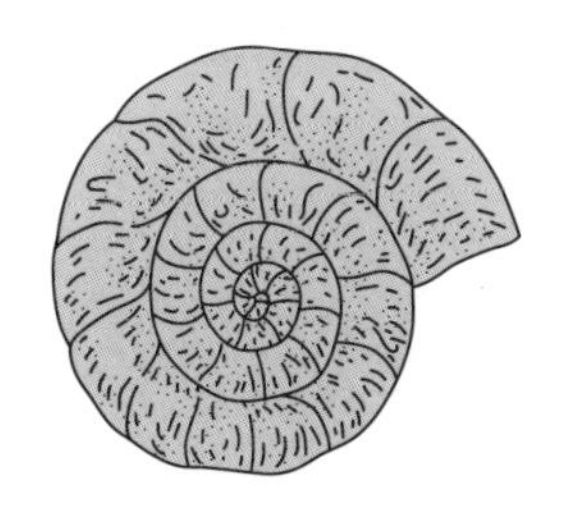

✓よくでる (1) 右の図の化石のように地層が堆積した時代を知るのに役立つ化石を何というか。〔　　　　〕

(2) (1)の化石は，どのような生物の化石が適しているか。次の文の①，②から適する語を1つずつ選び，記号で答えなさい。

①〔　　　〕②〔　　　〕

> ①（ア　短い　　イ　長い）期間栄えて，②（ウ　せまい　　エ　広い）範囲にすんでいた生物の化石がよい。

4 【プレート】

右の図は，日本付近の断面を模式的に示したものである。これについて，次の問いに答えなさい。

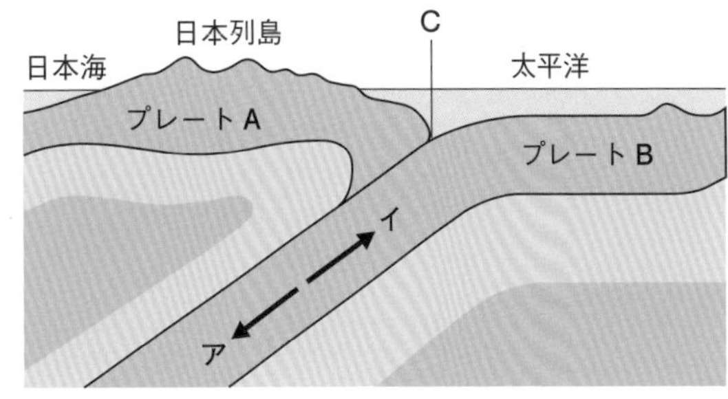

(1) 海洋プレートはA，Bのどちらか。〔　　　〕

(2) プレートBはア，イのどちらに動いているか。〔　　　〕

✓よくでる (3) Cは，海底の溝状にへこんだ地形である。これを何というか。〔　　　　〕

(4) 日本付近に地震が多いのは，なぜか。「プレート」という言葉を使って簡単に説明しなさい。

〔　　　　　　　　　　　　　　　　　　　　〕

入試レベル問題に挑戦

思考 5 【地層からわかる大地の変動】

右の図は，あるがけに現れた地層の断面図である。次の問いに答えなさい。

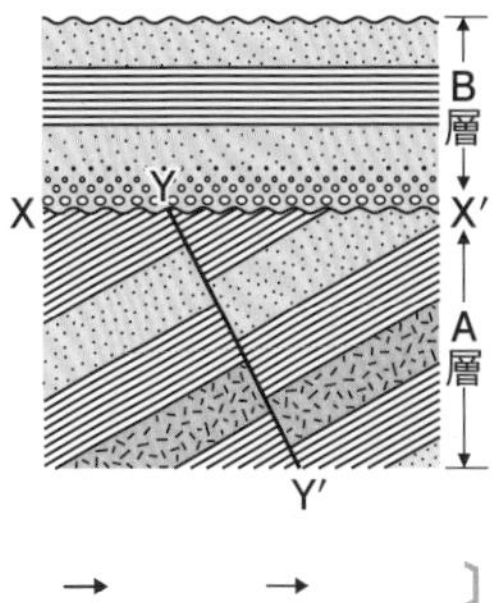

(1) X－X′の面に凹凸があるのは，風化や侵食を受けたからである。X－X′の面は，大地のどのような変化によってできたか。簡潔に説明しなさい。

〔　　　　　　　　　　　　　　　　　　　　〕

(2) この地層ができるまでの次のア〜エのできごとを古い順に並べなさい。〔　　→　　→　　→　　〕

ア　A層ができた。　　イ　B層ができた。

ウ　X－X′ができた。　　エ　Y－Y′ができた。

ヒント

風化や侵食は地層が陸上にあるときに起こり，地層の堆積は地層が水中に沈んだときに起こる。

定期テスト予想問題 ⑧

時間 50分
解答 別冊p.24

得点 /100

1 **A君は野外観察に行き，地層の観察をすることにした。これについて，次の問いに答えなさい。**

【3点×3】

(1) 岩石ハンマーをつかって岩石を割るときには，必ず保護眼鏡を着用する。これはどのような事故によるけがを防ぐためか，簡単に答えなさい。

(2) ある石を観察したところ，右の図のように，フズリナの化石が入っており，ある薬品をかけると泡が出てきた。ある薬品とは何か。

(3) 右の岩石は，次のどれと考えられるか。次のア～エから1つ選び，記号で答えなさい。

ア 花こう岩　**イ** チャート　**ウ** 砂岩　**エ** 石灰岩

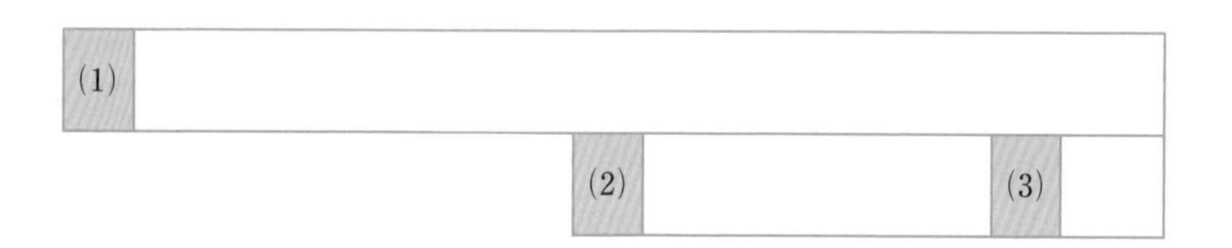

2 **右の図は，ある地層の断面図を示したものである。砂岩の層にはサンゴの化石が見つかり，泥岩の層には中生代の地層であることを示す化石が見つかった。次の問いに答えなさい。**

【3点×4】

泥岩の層（化石）
凝灰岩の層
砂岩の層（サンゴの化石）
れき岩の層

(1) 中生代の地層であることを示す化石を次のア～エから1つ選び，記号で答えなさい。

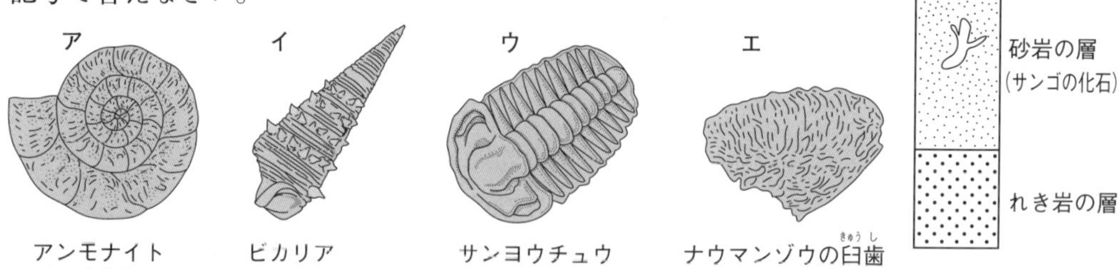

ア アンモナイト　イ ビカリア　ウ サンヨウチュウ　エ ナウマンゾウの臼歯

(2) (1)のように，時代を推定するのに役立つ化石を何というか。

(3) 砂岩の層が堆積した当時の環境を示しているのはどれか。次のア～エから1つ選び，記号で答えなさい。

ア あたたかくて浅い海底　**イ** 冷たくて浅い海底
ウ あたたかくて深い海底　**エ** 冷たくて深い海底

(4) サンゴの化石のように，堆積した当時の環境を推定するのに役立つ化石を何というか。

(1)		(2)		(3)		(4)	

3 右の図は，川の水が海に流れこむまでを模式的に表したものである。次の問いに答えなさい。【3点×5】

(1) 地表の岩石は，気温の変化や風雨のはたらきなどを受けて，表面からぼろぼろにくずれていく。このような現象を何というか。

(2) Aは，山地に流れる水によってできた深い谷である。このような地形を何というか。

(3) (2)の地形は，流れる水のおもに何というはたらきによってできたものか。

(4) 図のa～cでは，それぞれれきと砂，細かい砂，泥（どろ）のいずれかが多く堆積していた。cの部分に最も多く堆積していると考えられるのはどれか。

(5) (4)のように答えた理由を簡潔に書きなさい。ただし，海岸線の位置は変わらなかったものとする。

(1)		(2)		(3)		(4)	
(5)							

4 地層の変形や土地の変化について，次の問いに答えなさい。【3点×3】

(1) 図1のように，地層に大きな力がはたらき，ある面を境にしてできた地層のくいちがいを何というか。

(2) 図2のように，地層に大きな力がはたらき，地層が押し曲げられたものを何というか。

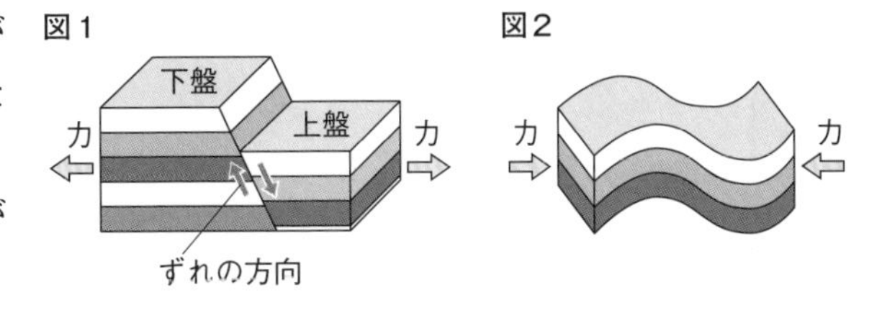

(3) 図3の状態から，海面が上昇（じょうしょう）し，海岸線が後退したとすると，X地点に堆積する土砂（どしゃ）の粒（つぶ）の大きさは，どのように変わるか。

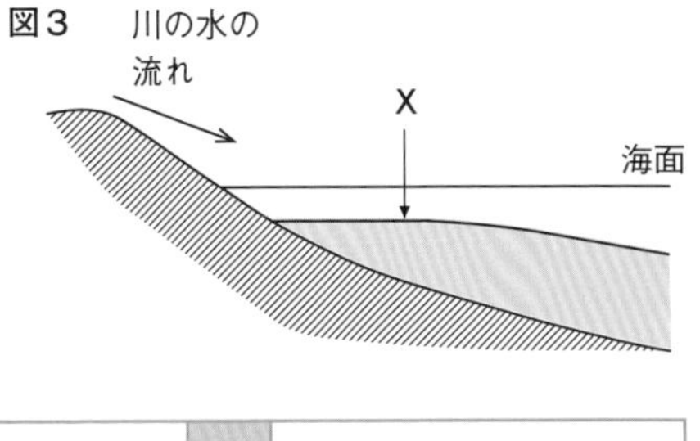

(1)		(2)		(3)	

5

図１は，がけの地層を模式的に表したものである。次の問いに答えなさい。ただし，地層の上下の逆転はないものとする。　【(5)は４点，ほかは３点×５】

図１

火山灰の地層　A
泥の地層　B
細かい砂の地層　C
あらい砂の地層でハマグリの化石を帯状にふくむ　D
れきとあらい砂の地層　E

(1)　最も水の動きの少なかった場所で堆積したと考えられる地層は，B～Eのどれか。

(2)　B～Eのうち，河口付近で堆積したと考えられる地層はどれか。

(3)　A～Eの地層で最も古いものはどれか。

(4)　Eの地層で見られる岩石をルーペで観察したものは，図２のア～ウのどれか。１つ選び，記号で答えなさい。

(5)　(4)でそのように判断した理由を簡潔に書きなさい。

(6)　地層Dにふくまれるハマグリなどの貝の化石から，堆積当時のどんなことがわかるか。次のア～ウから１つ選び，記号で答えなさい。

ア　自然環境　　**イ**　火山の噴火　　**ウ**　大地の変動

図２

ア
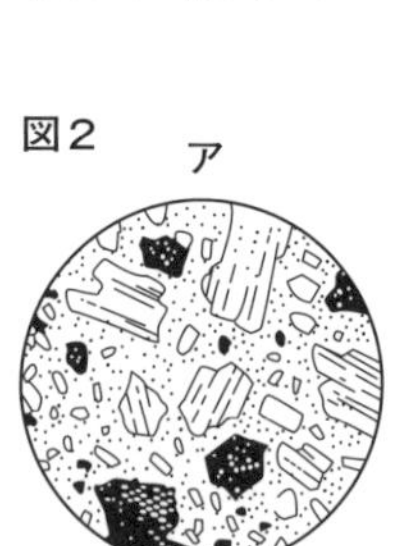
イ
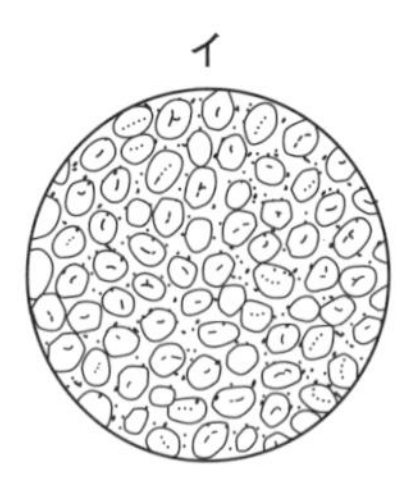
ウ

(1)		(2)		(3)		(4)		(5)		(6)	

6

Sさんは，石灰岩でできている柱の表面にアンモナイトの化石を見つけた。そこで石材として利用されているほかの岩石についても調べて，表にまとめた。これについて，次の問いに答えなさい。　【４点×２】

(1)　右の表は，調べた岩石名とそのおもな用途について整理したものである。表中のア～オの岩石のうち，化石が見つかる可能性があるのはどれか。２つ選び，記号で答えなさい。

	岩石名	おもな用途
ア	花こう岩	壁，墓石
イ	斑れい岩	石碑，庭石
ウ	凝灰岩	門柱，塀
エ	安山岩	敷石
オ	砂岩	石垣，敷石

(2)　アンモナイトの化石は，地層が堆積した時代を推定するのに重要な役割を果たしている。このような役割をもつ化石の特徴として適するものを，次のア～エから１つ選び，記号で答えなさい。

ア　広い範囲にすみ，長い期間栄えた生物の化石。
イ　広い範囲にすみ，短い期間栄えた生物の化石。
ウ　せまい範囲にすみ，長い期間栄えた生物の化石。
エ　せまい範囲にすみ，短い期間栄えた生物の化石。

(1)		(2)	

7

図１は，ある地域の地形図で，図１中のＡ～Ｄは地下の地層の重なり方を調べた地点を示している。図２は，Ａ～Ｄ各地点の調査結果を模式的に表したものである。断層(だんそう)は見られず，各層は同じ方向に同じ角度傾(かたむ)いているとして，次の問いに答えなさい。

【4点×4】

(1) 泥岩(でいがん)，砂岩，れき岩は，何のちがいによって分類されているか。次のア～エから１つ選び，記号で答えなさい。

ア　岩石の色　　　イ　岩石のかたさ
ウ　粒(つぶ)の大きさ　　エ　鉱物(こうぶつ)の種類

(2) どの層にも凝灰岩が見られる。凝灰岩は，おもにどのようなものが堆積してできたと考えられるか。

(3) 図１中のＡ～Ｄの地点のうち，最も新しく堆積した地層が観察できるのはどこか。記号で答えなさい。

(4) 図１中のＰは，Ｃ，Ｄを結ぶ直線上にあり，Ｃ，Ｄから等距離(とうきょり)の地点を示している。Ｐで，貝の化石をふくむ砂岩層がはじめて現れるのは，地表から何ｍのところと考えられるか。

図１

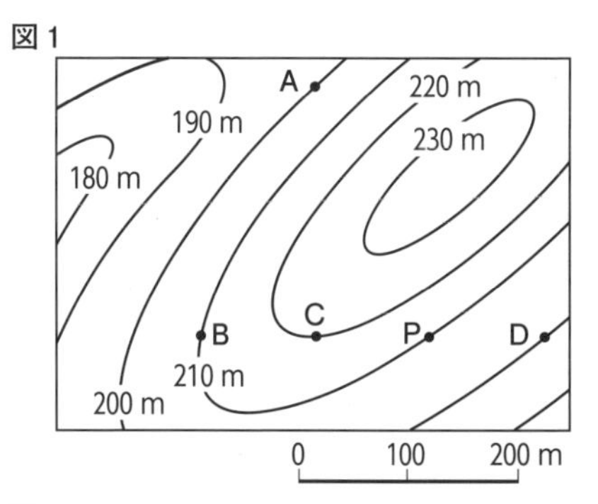

図２

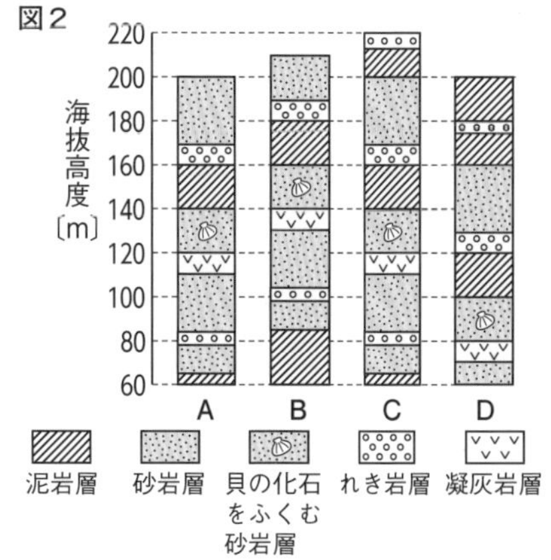

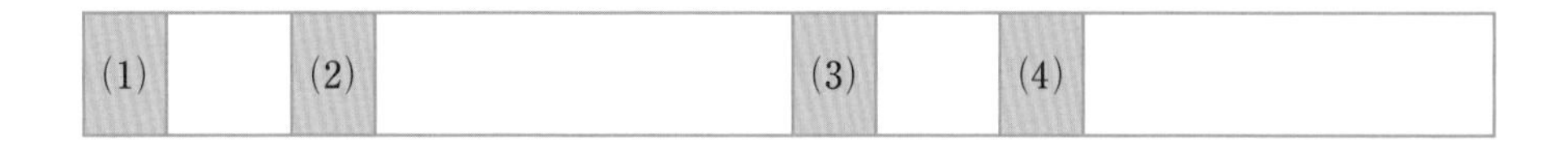

8

右の図は，ある場所の露頭(ろとう)を観察し，スケッチしたものである。これについて，次の問いに答えなさい。

【4点×3】

(1) この露頭にはＸ－Ｘ′の断層の面が見られた。この断層ができるときに地層にはたらいた力は，横から押(お)す力か，横に引っ張る力か。

思考 (2) この露頭の観察から，この地域は，過去に海底が隆起(りゅうき)して陸地になり，その後，沈降(ちんこう)して再び海底になったことがわかった。沈降したあと，最初に堆積した層は，図のⒶ～Ⓒのどの層か。記号で答えなさい。

(3) Ｙ－Ｙ′の面がでこぼこになっているのは，陸地になったときに流水によるどんなはたらきを受けたからか。

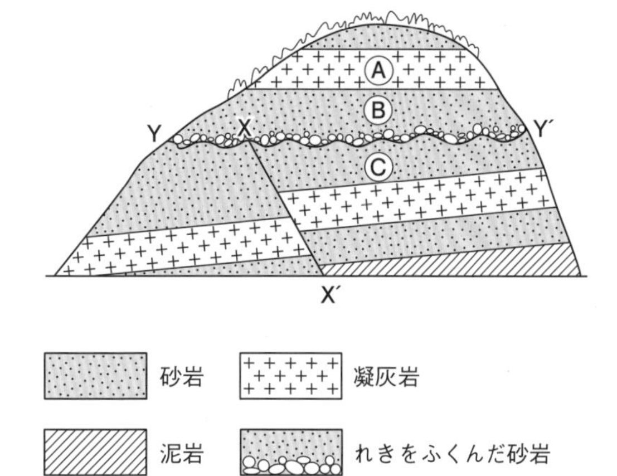

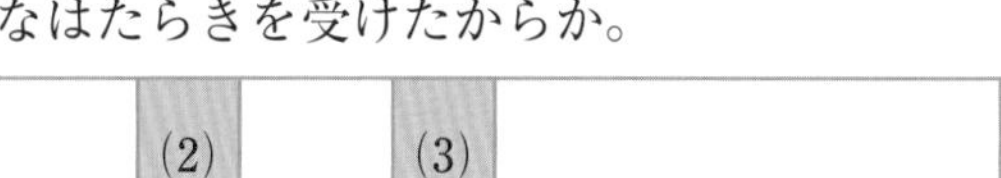

カバーイラスト	サコ
ブックデザイン	next door design（相京厚史，大岡喜直） 株式会社エデュデザイン
本文イラスト	加納徳博
図版	有限会社ケイデザイン，株式会社日本グラフィックス，青木隆
写真	出典は写真そばに記載。　無印：編集部
編集協力	木村紳一
データ作成	株式会社四国写研
製作	ニューコース製作委員会 （伊藤なつみ，宮崎純，阿部武志，石河真由子，小出貴也，野中綾乃，大野康平，澤田未来，中村円佳，渡辺純秀，相原沙弥，佐藤史弥，田中丸由季，中西亮太，髙橋桃子，松田こずえ，山下順子，山本希海，遠藤愛，松田勝利，小野優美，近藤想，辻田紗央子，中山敏治）

学研ニューコース問題集　中１理科

学研グループの書籍・雑誌についての新刊情報・詳細情報は，下記をご覧ください。
[学研出版サイト] https://hon.gakken.jp/

この本は下記のように環境に配慮して製作しました。
●製版フィルムを使用しない CTP 方式で印刷しました。
●環境に配慮して作られた紙を使っています。

【学研ニューコース】

問題集 中1理科

［別冊］

解答と解説

- 解説がくわしいので，問題を解くカギやすじ道がしっかりつかめます。
- 特に誤りやすい問題には，「ミス対策」があり，注意点がよくわかります。

「解答と解説」は別冊になっています。
本冊と軽くのりづけされていますので，はずしてお使いください。

Gakken

【1章】生物の観察と分類

1 身近な生物の観察

Step 1 基礎力チェック問題 (p.6-7)

1 (1) 顕微鏡 (2) アメーバ (3) 当たらない
(4) 反射鏡 (5) 遠ざけながら
(6) 150倍 (7) 分類

解説
(5) ミス対策 ピントを合わせるときは，プレパラートが割れないように対物レンズをプレパラートから遠ざけながら行う。

(6) 顕微鏡(けんびきょう)の倍率は，接眼レンズの倍率×対物レンズの倍率で求められるので，15×10＝150〔倍〕

2 (1) エ (2) イ (3) ウ (4) ア
解説 生物は，それぞれに適した環境(かんきょう)で生活している。

3 イ，オ
解説 ルーペは，花のつくりなどの観察に適している。また観察するときは，ルーペを目に近づけ，観察するものを前後に動かすなどしてピントを合わせる。

4 イ→エ→ア→オ→ウ
解説 レンズをとりつけるときは，ごみが入らないように接眼レンズ→対物レンズの順にとりつける。

5 (1) ダンゴムシ (2) イ
解説 (2) ダンゴムシは，落ち葉や石の下などで生活し，落ち葉などを食べる。

Step 2 実力完成問題 (p.8-9)

1 (1) ドクダミ
(2) タンポポ…ア ドクダミ…エ

2 (1) イ，エ (2) ①ア ②イ
解説 (1) **ア**…反射鏡に直射日光を当てると目を傷(いた)める。 **イ**…鏡筒(きょうとう)にほこりなどが入らないように，先に接眼レンズをとりつける。 **ウ**…はじめは低倍率で観察する。 **エ**…対物レンズは高倍率のものほど長い。 **オ**…鏡筒上下式の顕微鏡の場合，対物レンズを下げると，プレパラートと近づく。
(2) ミス対策 高い倍率になるほど，見える範囲はせまく，視野は暗くなる。

3 ①ア ②イ

4 ウ
解説 カバーガラスをかぶせるときは，気泡(きほう)が入らないように端からゆっくり倒(たお)しながらかぶせる。

5 (1) ア，ウ (2) イ，オ
解説 (1) タンポポは，陸上の明るい場所を好んで生活する植物である。
(2) ミカヅキモは水中で生活する小さな生物(プランクトン)である。フナなどの魚のなかまも水中生活をする。

6 (1) エ (2) 4匹
解説 (1) **図1**より，この顕微鏡では観察するものの像(ぞう)が上下左右とも逆になって見えることがわかる。したがって，**図2**のように右上すみにあるように見えるときは，実際には左下すみにあるので，プレパラートを右上の向き**エ**の方にずらす。
(2) 倍率を60倍から150倍へ2.5倍にすると，視野は $\frac{1}{2.5}\times\frac{1}{2.5}=\frac{4}{25}$〔倍〕になるので，25匹(ひき)見えていた生物の数は，$25\times\frac{4}{25}=4$〔匹〕になる。

2 花のつくりとはたらき

Step 1 基礎力チェック問題 (p.10-11)

1 (1) めしべ (2) 花粉 (3) 子房 (4) 雌花，胚珠
(5) 受粉 (6) 果実，種子
(7) 被子植物 (8) 裸子植物 (9) 種子植物
解説 (1) ふつう，1つの花には，外側から順にがく，花弁(かべん)，おしべ，めしべがある。

2 (1) めしべ (2) ウ
解説 (1) 左から順にがく，花弁，おしべ，めしべを示している。

3 (1) ア…柱頭 イ…子房 ウ…胚珠
(2) やく (3) 受粉
(4) 果実…イ 種子…ウ
解説 (1) めしべの先を柱頭(ちゅうとう)，もとのふくらんだ部分を子房(しぼう)，子房の中の部分を胚珠という。

(2) 花粉は，おしべの先にあるやくに入っている。

(4) 受粉後，子房は果実に，胚珠は種子になる。

4 (1) ア…花粉のう　イ…胚珠

(2) 種子　(3) ない

解説 (1) 雌花のりん片の内側には胚珠がついている。雄花のりん片の外側には花粉のうがついていて，中に花粉が入っている。

(2) 胚珠は，受粉して成長すると種子になる。

(3) マツの花には花弁やがくがない。

Step 2　実力完成問題　(p.12-13)

1 (1) D→A→C→B　(2) A…おしべ

B…がく　C…花弁　D…めしべ

(3) a…柱頭　b…子房

解説 (3) めしべの先は柱頭，もとのふくらんだ部分は子房である。

2 (1) ア…花弁　イ…おしべ　ウ…めしべ

エ…がく

(2) A　(3) 種子…B　果実…A

(4) 被子植物

解説 (2) 子房は，めしべのもとのふくらんだ部分である。

(3) 種子になるのは**B**の胚珠，果実になるのは**A**の子房。**C**はめしべ全体を指している。

3 (1) B　(2) A

(3) a　記号…D　名称…胚珠

b　記号…C　名称…子房

解説 (3) **a**は種子，**b**は果実である。種子になるのは**D**の胚珠，果実になるのは**C**の子房である。

4 (1) ア…雌花　イ…雄花　(2) ウ　(3) 胚珠

(4) 裸子植物　(5) ア，ウ，エ

解説 (1) マツの雌花は枝の先につき，雄花は枝の下の方についている。

(2) **エ**は２年前の雌花(まつかさ)である。雌花が成長したものがまつかさである。

(5) マツ，スギ，イチョウ，ソテツなどが裸子植物である。

5 ウ，オ

解説 **ウ**…ギンナンは，裸子植物のイチョウの種子であり，果実ではない。**オ**…子房の中には種子ができる。

定期テスト予想問題 ①　(p.14-17)

1 (1) 気泡(空気)が入らないようにするため。

(2) イ→ア→エ→ウ　(3) 400倍

解説 (3) $10 \times 40 = 400$〔倍〕

2 (1) イ　(2) イ　(3) ①ウ　②イ

解説 (1) 人がよく歩くところは，土がかたくなっているため，ふみつけに強い草丈の低い植物が見られる。

(3) ５本のおしべがめしべをとり囲んでいる。

3 (1) イ　(2) a…⑤　b…子房　c…裸子

(3) 例 雄花・雌花に分かれているかいないか。

(１つの花にめしべとおしべがあるかないか。)

解説 (1) マツの雄花は枝の下の方についている。

(2) サクラは被子植物，マツは裸子植物である。

(3) マツ，イチョウ，カボチャ，ヘチマは雄花と雌花をもつ植物である。とくにイチョウは雌花と雄花を別々の株につけ(雌雄異株)，種子であるギンナンは雌株にしかできない。サクラ，アブラナ，アサガオは１つの花にめしべとおしべを両方もつ植物である。

4 (1) イ，ウ　(2) ミドリムシ　(3) イ

解説 (1) **イ**のミドリムシと**ウ**のミカヅキモは，緑色の色素をもっている。

(2) 顕微鏡の倍率が高いものほど，実際の生物の大きさは小さいことになる。

5 (1) エ　(2) がく　(3) B→A→D→C

(4) ①エ　②オ

解説 (1) 花弁とがくが４枚で，おしべが６本なのは，アブラナの花の特徴である。

(3) 一般に，外側から内側に向かって，がく，花弁，おしべ，めしべの順となっている。

(4) ①果実になるのは子房の部分**エ**である。

②種子は，子房の中の胚珠**オ**が成長してできる。

6 (1) ウ，オ，コ　(2) タ　(3) ク

(4) イ　(5) イ

解説 (1) おしべの先の部分で袋状になっているつくりをやくといい，中に花粉が入っている。

(2) マツの雄花には，**タ**のような花粉のうという袋状のつくりがあり，中に花粉が入っている。

(3) **ア**は花弁である。タンポポでは５枚の花弁が１つにくっついて１枚のように見える(**ク**)。イネ

やマツの花には花弁はない。

(5) マツは，胚珠がむき出しになっている裸子植物であるから，花粉が直接胚珠について受粉が行われる。

3 植物の分類

Step 1 基礎力チェック問題 (p.18-19)

1 (1) 被子植物，裸子植物 (2) 双子葉類
(3) ひげ根 (4) 網状，平行
(5) 胞子 (6) シダ植物

解説 (5) 種子をつくらない植物にはシダ植物やコケ植物がある。これらは胞子(ほうし)をつくってふえる。

2 (1) A (2) 根毛 (3) C (4) ツユクサ

解説 (1) ホウセンカは双子葉類(そうしようるい)なので，根のつくりは主根と側根である。

(3)(4) ツユクサは単子葉類(たんしようるい)で，葉脈は平行脈である。

3 シダ植物…エ，オ，ク
コケ植物…イ，ウ，オ，ク

4 (1) C，D，E (2) A，C，D，E
(3) C (4) D，E

解説 (1) は被子植物，(2) は種子植物，(3) は単子葉類，(4) は双子葉類を選ぶ。

Step 2 実力完成問題 (p.20-21)

1 (1) ひげ根 (2) ア (3) イ
(4) ①…被子 ②…単子葉

解説 (1) 単子葉類(たんしようるい)の根であるひげ根のつくりを表している。

(2) 単子葉類はトウモロコシ。

(3) 単子葉類の葉脈は，イのような平行脈である。

2 (1) エ (2) 記号…E 名称…双子葉類
(3) ア

解説 (1) なかま分けされている植物はいずれも，種子植物である。Aは裸子植物，Fは被子植物，Bは単子葉類，Eは双子葉類，Cは合弁花類(ごうべんかるい)，Dは離弁花類(りべんかるい)である。

(2) 葉脈が網目状なのは，双子葉類である。

(3) Bのグループは単子葉類である。ソテツは裸子植物，ヒマワリは双子葉類の合弁花類，アジサイは双子葉類の離弁花類である。

3 (1) A…胞子のう B…胞子 (2) イ (3) D

解説 (1)(2) イヌワラビの葉の裏には胞子のうがあり，その中に胞子が入っている。

(3) イヌワラビの地上にある茎のようなものは葉の柄(え)である。茎は，地下にある。

4 (1) 胞子 (2) b (3) からだの表面
(4) 名称…仮根 はたらき…からだを地面に固定する。

解説 (2) aは雄株(おかぶ)，bは雌株(めかぶ)である。胞子は，雌株の胞子のうにできる。

(3) ミス対策 コケ植物は，からだの表面から水や養分をとり入れる。

(4) コケ植物のからだには根のように見える部分があり，これを仮根(かこん)という。仮根は，おもに地面などにからだを固定するはたらきをしている。

5 単子葉類
理由… 例 根のつくりがひげ根だから。

解説 図から根がひげ根であることがわかる。これは単子葉類の特徴である。また，タマネギの食べている部分は葉なので，葉脈が平行脈であることからも単子葉類であることがわかる。

4 動物の分類

Step 1 基礎力チェック問題 (p.22-23)

1 (1) 脊椎動物，無脊椎動物 (2) 胎生
(3) 魚，両生(順不同) (4) 鳥，は虫(順不同)
(5) うろこ (6) えら，肺 (7) 肉食動物
(8) 犬歯 (9) 節足動物，軟体動物

解説 (2) 卵を産むのは卵生という。

(3) ほとんどはほかの動物に食べられるので，子孫を残すために多くの卵を産む。

(4) 一生えら呼吸をするのは魚類である。

(5) 哺乳類は体毛，鳥類は羽毛，は虫類はかたいうろこ(カメはこうらももつ)でおおわれ，両生類は皮膚(ひふ)呼吸を行うためしめった皮膚をしている。

(7) 目が前向きについていると，えものとの距離がつかみやすい。草食動物は目が顔の横についてい

るため，後方まで視野が広がり，敵を見つけやすい。

(8) 草食動物は，発達した門歯(もんし)で植物をかみ切り，平らな臼歯(きゅうし)ですりつぶす。

(9) 軟体動物は，からだが外とう膜で包まれている。

2 (1) イ (2) カ (3) オ (4) エ (5) オ

解説 (1) アゲハ，クワガタは無脊椎動物。

(2) 胎生は哺乳類のタヌキだけ。

(3) 鳥類と哺乳類は親が子の世話をする。

(5) ツバメなどの鳥類は羽毛を，タヌキなどの哺乳類は毛(体毛)をもつ。

3 (1) エ (2) イ (3) カ (4) オ (5) オ，カ

(6) 魚類…オ　両生類…カ

は虫類…ア，イ　鳥類…エ

哺乳類…ウ

解説 (2) ヤモリもは虫類であるが，うろこのみでこうらはもたない。

(3) 幼生のおたまじゃくしはえらと皮膚で，成体のカエルは肺と皮膚で呼吸をする。

(5) 水中に産む場合は乾燥の危険はないので，卵は殻(から)をもたない。

Step 2 実力完成問題 (p.24-25)

1 ①イ ②オ ③エ ④ア ⑤ウ

解説 ① イカだけが無脊椎動物で，ほかはすべて脊椎動物である。

2 (1) a (2) 例 冬には体温が下がり，動くことが困難になるから。

(3) エ，カ，ク

解説 (1)(3) イヌやラッコ，ネズミなどの哺乳類は体毛をもち，スズメやハトなどの鳥類は羽毛をもっていて体温をほぼ一定に保つことができる。陸上では気温の変化が大きいので，体温を保つことができる動物の方が適する。

(2) ヘビのように気温が下がると体温も下がる動物は，冬になると体温が下がり動きにくくなる。

3 (1) 例 産んだ卵はほとんどほかの動物に食べられるから。 (2) 例 親が子の世話をして育てるので，親まで成長するものが多いから。

解説 魚類や両生類では産卵数が多く，鳥類や哺乳類では産卵(子)数が少ない。魚類や両生類では，親が卵や子の世話をしないので，多くがほかの動物に食べられてしまい，親にまで育つのはごくわずかである。一方，鳥類や哺乳類は，産卵(子)数は少ないが，親が卵や子の世話をするので生き残り，親にまで育つ割合が大きい。

4 (1) 脊椎動物 (2) A，B，D

(3) ①えら ②肺

(4) グループ…A　分類の名称…は虫類

解説 (3) Cの両生類は，えらと皮膚による呼吸から肺と皮膚による呼吸に変わり，Eの魚類は一生えらで呼吸をする。

(4) トカゲはは虫類のなかまである。

5 (1) 外とう膜 (2) えら (3) 外骨格 (4) 気門

解説 (1) 外とう膜は，軟体動物の内臓を包む筋肉でできた膜である。

(2) 水中生活をするので，えらで呼吸している。

(3) からだの外側をおおう外骨格は，大きくならないので，節足動物は脱皮(だっぴ)して古い外骨格をぬぎ捨てて成長する。

(4) 気門は胸部や腹部にある穴で，ここから空気をとり入れて呼吸を行う。

6 ウマ…視野が後方まで広がり，敵を見つけやすい。

キツネ…距離をつかみやすく，えものをとらえるのにつごうがよい。

解説 肉食動物は2つの目が前向きについていることで，両目で見ている範囲が広い。2つの目で同じものを見ると，それぞれの目で見えたもののずれから，脳が奥行きを感じとって，えものまでの距離を正確につかむことができる。

定期テスト予想問題 ② (p.26-29)

1 (1) ①網状脈 ②平行脈 ③ひげ根

(2) 被子植物 (3) 子葉が2枚…双子葉類

子葉が1枚…単子葉類

2 (1) イ (2) ア (3) エ (4) ア

(5) 胞子 (6) 節足動物

解説 (1) コケ植物は，暗くしめりけの多い場所を好む性質がある。

(3) コケ植物の仮根(かこん)は，からだを岩などに固定するはたらきをしているだけで，水分を吸収する役割はあまりない。

(4) ヒメジョオンは，双子葉類のなかまである。

(6) 節足動物には，昆虫のなかま，クモのなかま，エビやカニなどのなかま，ムカデなどのなかまなどが属する。

3 (1) ①ウ　②オ　③エ　④ア
(2) 裸子植物　(3) A

解説 (1)(2) A，Bは被子植物で，Aは双子葉類，Bは単子葉類である。また，Cは裸子植物，Dはシダ植物，Eはコケ植物である。

(3) ヒマワリは，双子葉類である。

4 (1) ウ　(2) ア　(3) C，D
(4) D　(5) A，B　(6) ア

解説 (1) A～Dはすべて脊椎動物である。

(2) コウモリはBと同じ哺乳類のなかまである。

(3) は虫類と魚類があてはまる。

(4) 産んだ卵がほとんど食べられてしまう魚類のD。

(5) Aの鳥類とBの哺乳類があてはまる。

(6) A～Dには，カエルが属する両生類のなかまはいない。

5 (1) A…胞子　X…種子　(2) エ
(3) 被子植物　(4) 根は主根と側根からなる。

解説 (2)(3) なかまYは，胚珠が子房に包まれている被子植物のなかまである。受粉後に成長して果実になる部分とは子房のことである。

(4) Cは双子葉類のなかまで，根は主根・側根からなり，葉脈は網状脈である。Dの単子葉類の根はひげ根で，葉脈は平行脈である。

6 (1) あ…節足　い…軟体　(2) 外骨格
(3) 外とう膜　(4) ①A，G，J，L　②イ

解説 (1)(2) 節足動物のからだは外骨格とよばれるかたい殻に包まれていて，からだやあしには節がある。

(4) ①クモはクモ類とよばれるなかま，ザリガニ，エビ，カニは甲殻類とよばれるなかま，ムカデはムカデ類，ヤスデはヤスデ類のなかまで，これらは節足動物のなかまである。タコ，イカ，アサリ，マイマイは軟体動物のなかまである。

②昆虫類は，からだが頭，胸，腹の3つに分かれていて，胸に3対(6本)のあしがあり，はねをもつものは，胸にさらにはねが1対(2枚)または2対(4枚)ついている。腹部や胸部にある気門から空気をとり入れ，呼吸は気管という部分で行う。

【2章】身のまわりの物質

1 物質の区別

Step 1 基礎力チェック問題（p.30-31）

1 (1) 黒くこげる (2) 二酸化炭素
(3) 有機物 (4) 無機物 (5) 有機物
(6) 無機物 (7) 電気を通す (8) 金属光沢
(9) 空気調節ねじ (10) 空気調節ねじ

解説 (1)〜(3) 加熱すると黒くこげて炭になったり，燃やすと二酸化炭素を発生したりする物質を有機物（ゆうきぶつ）という。
(4) 有機物以外の物質を無機物（むきぶつ）という。
(7) 金属は，ほかにも熱をよく伝える，たたいたり引っ張ったりするとよくのびるという性質がある。

2 (1) A, C, E, H, I, J
(2) D, F, G (3) イ

解説 (1) 有機物は，炭素をふくみ，燃やすと二酸化炭素を発生する物質である。プロパンは，ガス燃料として用いられる気体で，有機物である。
(3) 鉄は磁石につくが，銅やアルミニウムはつかない。磁石につくことは金属に共通の性質ではない。

3 (1) B (2) ア→ウ→イ

解説 (1) Aは空気調節ねじ，Bはガス調節ねじである。
(2) ミス対策 ガスバーナーの火を消すときの手順は，火をつけるときの反対である。

4 (1) 食塩 (2) 炭 (3) 有機物 (4) 無機物

解説 砂糖は有機物で，加熱すると黒くこげて炭になる。食塩は無機物で，加熱しても変化しない。

Step 2 実力完成問題 (p.32-33)

1 (1) ウ→イ→オ→エ→ア (2) A
(3) 空気調節ねじ

解説 (1) ガスバーナーに火をつけるときは，①ねじが閉まっているか確認，②元栓（もとせん）を開く，③マッチに火をつけ，ガスを出して点火，④ガスの量を調節，⑤空気の量を調節 という順である。
(2) ミス対策 ガスバーナーに点火するときは，マッチに火をつけてからガスを出す。
(3) 空気調節ねじ→ガス調節ねじの順に閉じる。

2 (1) 水 (2) 白くにごる。
(3) 二酸化炭素 (4) 有機物 (5) ア, エ

解説 (1)〜(3) ろうそくが燃えると，水（水蒸気）と二酸化炭素ができる。水蒸気は冷やされて小さな水滴（すいてき）となり，白くくもって見える。また，二酸化炭素は石灰水を白くにごらせる性質がある。
(4)(5) エタノールやデンプンは有機物である。

3 A…× B…ウ, オ, キ
C…イ, エ, カ D…ア

解説 A…有機物で非金属（ひきんぞく）ではない物質のなかまである，つまり，有機物であり同時に金属でもある物質があてはまる場所であるが，そのような物質は存在しないので，ア〜キにもあてはまる物質はない。
B…非金属であり有機物ではない物質，つまり無機物であり非金属（金属ではない物質）である物質があてはまる。食塩，二酸化炭素（炭素をふくむが有機物ではない），石灰石があてはまる。
C…有機物であり非金属である物質とは，つまり有機物ということなので，木材，デンプン，プラスチックがあてはまる。
D…金属が入るので，亜鉛があてはまる。

4 (1) 片くり粉 (2) 無機物 (3) 食塩

解説 片くり粉はデンプンである。デンプンは水にほとんどとけない。また，砂糖と片くり粉は有機物で，加熱すると黒くこげて炭になる。したがって，Aは砂糖，Bは食塩，Cは片くり粉である。

5 (1) ウ (2) エ

解説 (1) 鉄は磁石にくっつくが，アルミニウムはくっつかない。
(2) 加熱すると，食塩は無機物なので変化は見られないが，砂糖は有機物なので黒くこげて炭になる。砂糖や食塩そのものはどちらも電気を通さない。ちなみに，食塩水は電気を通し，砂糖水は電気を通さない（くわしくは中3で学習する）。

2 物質の密度

Step 1 基礎力チェック問題 (p.34-35)

1 (1) 密度 (2) 種類 (3) 3 (4) 25
(5) 200 (6) $\frac{1}{10}$ (7) 水平な，調節ねじ
(8) 左右に等しく振れたとき

解説 (3) 密度〔g/cm^3〕$=\frac{質量〔g〕}{体積〔cm^3〕}$ より，
$120\ g \div 40\ cm^3 = 3\ g/cm^3$
(4) (3)の式を変形すると，体積〔cm^3〕$=\frac{質量〔g〕}{密度〔g/cm^3〕}$
なので，$200\ g \div 8.0\ g/cm^3 = 25\ cm^3$
(5) (3)の式を変形すると，
質量〔g〕= 密度〔g/cm^3〕× 体積〔cm^3〕なので，
$2.5\ g/cm^3 \times 80\ cm^3 = 200\ g$

2 (1) $7.9\ g/cm^3$ (2) $2.7\ g/cm^3$
(3) アルミニウム

解説 (1) $158\ g \div 20\ cm^3 = 7.9\ g/cm^3$
(2) $81\ g \div 30\ cm^3 = 2.7\ g/cm^3$
(3) 鉛の密度は，$113\ g \div 10\ cm^3 = 11.3\ g/cm^3$
アルミニウムの密度は，$108\ g \div 40\ cm^3 = 2.7\ g/cm^3$
したがって，金属**A**はアルミニウムである。

3 (1) イ (2) $11.5\ cm^3$ (3) ア

解説 (1)(2) 水を入れたメスシリンダーの目盛りを読むときは，目の位置を液面と同じ高さにして，液面の最も低い位置を1目盛りの$\frac{1}{10}$まで目分量で読みとる。
(3) 物体より少し重いと思われる分銅をのせ，重すぎたら次に軽い分銅にとりかえることをくり返してつり合わせる。

4 (1) 比例(の関係) (2) $5\ g/cm^3$ (3) 固体A

解説 (1) グラフが原点を通る直線になっていることから，比例の関係にあることがわかる。
(2) 固体**B**は，体積が$4\ cm^3$のとき，質量が$20\ g$なので，密度は，$20\ g \div 4\ cm^3 = 5\ g/cm^3$
(3) 同じ体積のとき，固体**A**の質量が最も大きい。

Step 2 実力完成問題 (p.36-37)

1 (1) ア…11.3 イ…46.3 (2) 3種類

解説 ア…$82.5\ g \div 7.3\ cm^3 = 11.30$…より，
$11.3\ g/cm^3$
イ…$8.9\ g/cm^3 \times 5.2\ cm^3 = 46.28$ より，$46.3\ g$
(2) **A**と**F**，**B**と**D**，**C**と**E**は密度が同じなので，同じ物質であると考えられる。

2 (1) $56.0\ cm^3$ (2) $6.0\ cm^3$ (3) $7.9\ g/cm^3$

解説 (2) ふえた分の体積が，鉄の体積である。したがって，$56.0\ cm^3 - 50.0\ cm^3 = 6.0\ cm^3$
(3) $47.4\ g \div 6.0\ cm^3 = 7.9\ g/cm^3$

3 (1) エ (2) 指針が左右に等しく振れるようにする。 (3) ア
(4) 少し重いと思われるもの

解説 (1)(2) **エ**の調節ねじは，左右をつり合わせるときに使う。指針が左右に同じ程度振れるようになったときが，つり合った状態である。
(3) 物体の質量をはかるときは，右利きの人の場合，左の皿にはかりたいものをのせる。

4 (1) ウ (2) 水 (3) エタノール

解説 (1) メスシリンダーは，水平な台の上に置く。目盛りは，目を液面と同じ高さにして真横から読む。
(2) 密度は$1\ cm^3$あたりの質量のことなので，密度が大きいほど，同じ体積における質量は大きい。
(3) 水$20\ g$の体積は，$20\ g \div 1.00\ g/cm^3 = 20\ cm^3$，
エタノール$20\ g$の体積は，$20\ g \div 0.79\ g/cm^3 = 25.3$…より，約$25\ cm^3$。
このように，同じ質量における体積は，密度が小さいほど大きい。

5 (1) 4種類 (2) A，D (3) E

解説 (1) 原点と**A**～**E**の各点を直線で結ぶと，**A**と**D**は同じ直線上にあるので同じ物質と考えられる。
(2) グラフの傾きが密度を表している。**A**と**D**のグラフの傾きが最も大きいので，密度が最も大きい。
(3) 水より密度の小さい物質が水に浮くので，**E**が浮く。

6 密度が最も大きい液体…A
密度が最も小さい固体…R

解説 固体の密度が液体より大きいと沈み，小さいと浮く。密度の大小は，①より**B**，**C**＜**P**＜**A**となるので，密度が最も大きい液体は**A**である。②より**A**，**B**，**C**＜**Q**，③より**B**＜**R**＜**A**，**C**より，①

と合わせて固体の密度の大小は，R＜P＜Qである。

3 気体の性質

Step 1 基礎力チェック問題 (p.38-39)

1 (1) 塩酸 (2) 酸素 (3) 亜鉛
(4) 水素 (5) 石灰水 (6) とけにくい
(7) 上方置換法 (8) 上方置換法

解説 (3) 銅はうすい塩酸と反応しない。
(4) 水素は気体自体が燃える。酸素はものを燃やすはたらきがあるが，酸素自体は燃えない。
(7) アンモニアは，水にとけやすく，空気より密度が小さいので上方置換法で集める。
(8) 二酸化炭素は，空気より密度が大きいので下方置換法で集めることができる。また，水に少しとけるだけなので水上置換法でも集めることができる。上方置換法では集めることはできない。

2 (1) A…酸素 B…水素 C…二酸化炭素
D…アンモニア (2) C (3) D (4) A
(5) 記号…B 物質名…水

解説 (2) 二酸化炭素は，石灰水を白くにごらせる。
(3) アンモニアは，鼻をさす刺激臭のある気体である。
(4) 酸素は，ものが燃えるのを助けるはたらき(助燃性)がある。
(5) 水素が燃えると，水ができる。

3 (1) ア (2) 水にとけにくい(性質)。
(3) イ

解説 (1)(2) 酸素は水にとけにくい気体なので，水上置換法で集める。
(3) 体積の割合で，空気中の約21％が酸素である。

Step 2 実力完成問題 (p.40-41)

1 (1) 例 はじめは試験管とガラス管の中の空気が出てくるから。 (2) ア，ウ (3) ア，エ

解説 (1) はじめのうちは，発生した水素によって押し出された，試験管やガラス管の中の空気が混じるため，水素だけを集めることができない。
(2) 水素を発生させるには，うすい塩酸にスチールウール(鉄)や亜鉛などの金属を入れる。
(3) 水素は水にとけにくいので，図のように水上置換法で集める。また，物質の中で最も密度が小さい。マッチの火を近づけると燃えて水ができる。

2 (1) ウ (2) 上方置換法
(3) 色…赤色 水溶液…アルカリ性
(4) 水にとけやすい(性質)

解説 (1) 塩化アンモニウムと水酸化カルシウムを反応させると，アンモニアと同時に水蒸気も発生する。この水蒸気が冷やされて水になったとき，加熱部分に流れこまないように，試験管の口は下げておく。
(3)(4) アンモニアは水に非常にとけやすい気体なので，スポイトの水を入れるとアンモニアがとけて，フラスコ内の気体の体積が小さくなり，フェノールフタレイン溶液を入れた水が噴水のようになってフラスコ内に入ってくる。また，フェノールフタレイン溶液は，酸性や中性では無色だが，アルカリ性では赤色に変化する。アンモニアが水にとけると水溶液はアルカリ性を示すので，赤色に変化する。

3 (1) イ，オ (2) 空気より密度が大きい(性質)
(3) 白くにごる。

解説 (1) 石灰石や貝殻，卵の殻などにうすい塩酸を加えると二酸化炭素が発生する。
(2) 空気より密度が大きいので，図のように下方置換法で集めることができる。

4 (1) 水 (2) アンモニア (3) ウ，エ

解説 (1) 5種類の気体の中で，空気中で燃えるものは水素だけである。水素が燃えると水ができる。
(2) 刺激臭があり，水によくとけ，水溶液がアルカリ性を示すのはアンモニアである。
(3) 水に少しとけて，水溶液が酸性を示すのは二酸化炭素である。

5 (1) アンモニア

(2) 例 発生した水が加熱部分に流れこむのを防ぐため。

解説 (1) 水酸化カルシウムの粉末と塩化アンモニウムの粉末を混合して加熱すると，アンモニアが発生する。

(2) アンモニアと同時に発生する水が加熱部分に流れこむと，試験管が急に冷やされて割れるおそれがある。

定期テスト予想問題 ③ (p.42-45)

1 (1) 方法1…エ 方法2…ア (2) 有機物

(3) 水にとける。

解説 方法1では，小麦粉，砂糖と食塩に分けられている。小麦粉と砂糖は有機物(ゆうきぶつ)，食塩は無機物(むきぶつ)なので，加熱したとき燃えて炭になるかどうかで区別している。方法2では，小麦粉は水に入れてもとけないが，砂糖は水にとけるので，水にとけるかとけないかで区別している。

2 (1) ①石灰水 ②二酸化炭素 (2) ア

(3) ウ

解説 (1) 炭酸水素ナトリウムに酢酸(さくさん)を加えると二酸化炭素が発生する。二酸化炭素を石灰水(せっかいすい)に通すと白くにごる。

(2) 二酸化炭素は空気より密度(みつど)が大きいので，上方置換法(じょうほうちかんほう)では集めることができない。

(3) 二酸化炭素は無色，無臭(むしゅう)で，ものを燃やすはたらきはない。水に少しとけ，水溶液(すいようえき)は酸性を示す。

3 (1) エ (2) アルミニウム (3) 金属光沢

解説 (1) 目は液面を真横から見る位置にし，液面の平らなところを読む。

(2) 体積 $= \dfrac{\text{質量(しつりょう)}}{\text{密度}}$ なので，4種類の金属の質量が等しいとき，密度が小さい金属ほど体積が大きくなる。

(3) 金属光沢(こうたく)は，金属に共通の性質である。

4 (1) エ→ア→イ→オ→ウ

(2) ①ア ②エ ③カ (3) ウ

解説 (2) 炎(ほのお)の色がオレンジ色のときは，空気(酸素)が不足しているので，空気の量を多くすればよい。ねじは反時計(左)回りに回すと開く。

5 (1) 重いもの (2) 16.2 g (3) 皿を片方に重ねておく。 (4) ア (5) 1.62 g/cm^3

(6) 32.4 g

解説 (2) 200 mg は 0.2 g である。分銅の合計は，$10+5+1+0.2=16.2$ より 16.2 g である。

(3) 上皿てんびんをしまうときは，うでが動かないように，一方の皿をもう一方の皿に重ねておく。

(4) メスシリンダーは，40.0 cm^3 を示しているので，物体Xの体積は，$40.0\ \text{cm}^3 - 30.0\ \text{cm}^3 = 10.0\ \text{cm}^3$

(5) 物体Xは，質量が16.2 gのとき，体積が10.0 cm^{3}だから，密度は，$16.2\ \text{g} \div 10.0\ \text{cm}^3 = 1.62\ \text{g/cm}^3$。

(6) 同じ物質(ぶっしつ)の密度は等しいから，物体Yの質量は，$1.62\ \text{g/cm}^3 \times 20.0\ \text{cm}^3 = 32.4\ \text{g}$。

6 (1) イ，オ，カ (2) 二酸化炭素 (3) ウ，エ

(4) イ

解説 (1)(2) 石灰水が白くにごるのは二酸化炭素ができたからである。燃やしたあとに二酸化炭素ができるのは，炭素をふくむ有機物である。

(4) 水より密度の小さいものは浮(う)き，密度の大きいものは沈(しず)む。

7 (1) ウ (2) C (3) オ (4) ウ (5) B

(6) D

解説 (1) 気体Aは水にとけにくい気体なので，水上置換法(すいじょうちかんほう)で集める。気体Aは水素である。

(2)～(4) 試験管の中の気体が水にとけると，試験管内の気体が少なくなるため，水が入ってくる。水にとけやすい気体は気体Cで，アンモニアである。

(5) 二酸化マンガンにうすい過酸化水素水(オキシドール)を加えると酸素が発生する。酸素は気体Bである。

(6) 地球温暖化(ちきゅうおんだんか)の原因と考えられているおもな物質は二酸化炭素である。二酸化炭素の性質を示しているのは，気体Dである。

4 水溶液の性質

Step 1 基礎力チェック問題 (p.46-47)

1 (1) 溶質，溶媒 (2) 20 (3) 30，120

(4) 溶解度 (5) 飽和水溶液 (6) 結晶

(7) 再結晶 (8) 純物質

解説 (1) 溶質(ようしつ)が溶媒(ようばい)にとけた液を溶液(ようえき)といい，溶

媒が水の溶液を水溶液という。

(2) 質量パーセント濃度〔%〕

$= \dfrac{溶質の質量〔g〕}{溶液の質量〔g〕} \times 100$　で求められる。

また，溶液の質量〔g〕＝溶質の質量〔g〕＋溶媒の質量〔g〕　である。したがって，砂糖水の質量パーセント濃度は，25 g÷(25＋100) g×100＝20%

(3) 質量パーセント濃度を求める式を変形させると，

$溶質の質量 = 溶液の質量 \times \dfrac{質量パーセント濃度}{100}$

なので，20%の砂糖水150 gにとけている砂糖の質量は，150 g×20÷100＝30 gである。この砂糖は，150 g－30 g＝120 gの水にとけている。

(8) 1種類の物質からできているものを純物質(純粋な物質)という。

2 (1) イ　(2) 同じ。

解説 (1) 数週間置いておくと，コーヒーシュガー(砂糖)の粒子が水の中に均一に散らばり，茶色の部分も全体に広がっている。

(2) 砂糖の粒子が全体に均一になった液は，どこでも同じ濃さであり，時間がたっても濃さは変わらない。

3 (1) ホウ酸　(2) ウ　(3) ア

(4) 物質…ホウ酸　結晶…15 g

解説 (1) 溶解度曲線が大きく変化するものを選ぶ。

(4) 20 ℃での塩化ナトリウムの溶解度は約36 g，ホウ酸の溶解度は約5 gであるから，ホウ酸は，20－5＝15〔g〕が結晶となって出てくる。塩化ナトリウムはまだ全部とけていて，結晶としては出てこない。

Step 2　実力完成問題　(p.48-49)

1 (1) ①溶質　②溶媒　(2) イ

解説 (2) 砂糖が水にとけると，砂糖の粒子が水に均一に散らばっていて，どの部分も同じ濃さである。

2 (1) ミョウバン　(2) 物質…ホウ酸　質量…ア

解説 (1) 60 ℃の水100 gにとける量をグラフから読みとる。

(2) 60 ℃の水100 gにホウ酸は約15 gとけ，20 gすべてをとかすことができない。このとき，20－15＝5〔g〕が結晶として出てくる。

3 (1) 20%　(2) 150 g　(3) 7.2%

解説 (1) $\dfrac{20}{20+80} \times 100 = 20$〔%〕

(2) $溶液の質量 = 溶質の質量 \div \dfrac{質量パーセント濃度}{100}$

なので，はじめにあった塩化ナトリウム水溶液は，

$30\ g \div \dfrac{20}{100} = 150\ g$

(3) 12%の砂糖水200 gには，$200\ g \times \dfrac{12}{100} = 24\ g$の砂糖がとけており，4%の砂糖水300 gには，$300\ g \times \dfrac{4}{100} = 12\ g$の砂糖がとけている。これらの砂糖水を混ぜ合わせると，200 g＋300 g＝500 gの砂糖水に，24 g＋12 g＝36 gの砂糖がとけていることになるので，質量パーセント濃度は，36 g÷500 g×100＝7.2〔%〕である。

4 (1) 結晶　(2) ウ　(3) ウ

解説 (2) 結晶は，物質によって形や色が決まっている。**図2**はミョウバンの結晶である。

(3) ろ過するときは，①ろ過する液体をガラス棒を伝わらせて注ぐ。②液体を注ぐ位置はろうとの中央になるようにする。③ガラス棒の先端は，ろ紙が重なっている部分に当てる。④ろうとのあしは，先端のとがった方をビーカーの壁につける。

5 (1) 16.7%　(2) 18.7 g　(3) 10.5 g

解説 (1) $\dfrac{20}{20+100} \times 100 = 16.66\cdots$より，16.7%である。

(2) 水の量が100 gなので，溶解度の差を求める。
23.6－4.9＝18.7〔g〕

(3) 水の量が100 gのとき，60 ℃では14.9 g，0 ℃では2.8 gとけるので，100 g+14.9 g＝114.9 gより114.9 gの飽和水溶液を0 ℃まで冷やしたときは，14.9 g－2.8 g＝12.1 gのホウ酸が出てくる。

よって飽和水溶液100 gからは，$12.1\ g \times \dfrac{100}{114.9} = 10.53\cdots$より10.5 gのホウ酸が出てくる。

5 状態変化

Step 1 基礎力チェック問題 (p.50-51)

1 (1) 状態変化 (2) 変化する，変化しない
(3) 固体 (4) 融点 (5) 沸点 (6) 蒸留
(7) エタノール

解説 (2) 物質をつくっている粒子は，温度によって集まり方や運動のようすがちがうので体積は変化するが，粒子の数は変化しないので質量は変化しない。
(4)(5) 純物質の融点や沸点は一定の値を示すが，混合物では一定の値を示さない。
(7) 水とエタノールの混合物を蒸留すると，沸点の低いエタノールが先に出てくる。

2 (1) ウ (2) イ

解説 (1) エタノールに熱湯をかけると，エタノールは液体から気体に変化する。気体になると，エタノールの粒子は自由に飛び回り，粒子の間隔が大きくなるので，体積が大きくなる。
(2) 液体が気体に変わるのは，状態変化である。状態変化では，粒子そのものや質量は変化せず，体積は変化する。

3 (1) 融点…イ 沸点…エ (2) 20 分後
(3) ウ

解説 (1) グラフの最初の平らな部分(10 分から 20 分)は，固体から液体に状態変化しているところで，この温度を融点という。次の平らな部分(30 分以降)は，液体から気体に状態変化しているところで，この温度を沸点という。
(2)(3) 10 分から 20 分までの間は，固体がとけて液体に変化しているところなので，固体と液体の混じった状態である。固体がすべてとけて液体になったのは 20 分後である。

Step 2 実力完成問題 (p.52-53)

1 (1) 右の図 (2) イ
(3) ろう…固体 水…液体

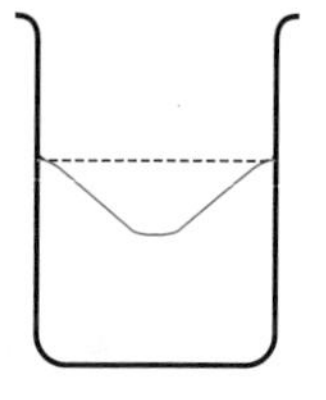

解説 (1) ろうは，液体から固体に状態変化すると，体積が減る。まわりから冷やされるので，外側が先に固まり，あとで内側が固まると，すき間ができて，真ん中がくぼんだ形になる。
(2) 状態変化しても質量は変化しない。
(3) ふつう物質は，固体から液体，液体から気体に状態変化するにしたがって体積が大きくなるが，水の場合は例外で，固体から液体に変化すると体積が小さくなる。水は約 4 ℃で最も体積が小さくなったあと，温度の上昇とともに膨張して体積が大きくなっていく。状態変化しても質量は変化しないので，体積が小さいと密度は大きくなる。したがって，ろうは固体のときに，水は液体のときに密度が最も大きくなる。

2 (1) 融点 (2) ウ (3) ウ (4) 純物質

解説 (1) 固体の物質がとけて液体になるときの温度を融点という。
(2) 固体と液体が混じっている状態では，加熱しても加えた熱は固体が液体に状態変化するのに使われるので，温度は上がらない。固体がすべてとけて液体になると，温度は上昇する。
(3) **ミス対策** 物質の量を多くしても，融点や沸点は変化しない。
(4) グラフに平らな部分があり，融点が一定の値を示しているので純物質である。

3 (1) 沸騰石 (2) イ (3) ウ (4) 蒸留

解説 (1) 液体が突然，沸騰する(突沸する)のを防ぐために沸騰石を入れて加熱する。
(2)(3) 5 分後には沸点の低いエタノールが多く出てくる。

4 (1) A，B，C (2) A，B

解説 (1) 融点が 20 ℃より低く，沸点が 20 ℃より高い物質があてはまる。
(2) 沸点が 110 ℃より低い物質があてはまる。

定期テスト予想問題 ④　（p.54-57）

1 (1) C　(2) (約) 55 ℃　(3) AとD

解説 (1) 混合物(こんごうぶつ)の融点(ゆうてん)や沸点(ふってん)は一定ではない。

(2) グラフが平らになっている部分の値を読みとる。

(3) 同じ物質(ぶっしつ)では，沸点が等しい。

2 (1) 溶解度　(2) 飽和水溶液　(3) 約 70 g
(4) 約 50 ℃ (以下)

解説 (3) 80 ℃のときの水 100 g にとける物質の量を，グラフから読みとる。

(4) 水 100 g にとける物質の量が 40 g になるときの温度を読みとる。

3 (1) a…溶質　b…溶媒　(2) B　(3) イ
(4) エ　(5) 15%　(6) 200 g

解説 (2)〜(4) 水溶液(すいようえき)は，溶質(ようしつ)の粒子(りゅうし)が均一に散らばっていて，長い時間放置しても濃(こ)さはどこでも同じである。

(5) $\frac{60\ \mathrm{g}}{60\ \mathrm{g}+340\ \mathrm{g}}\times 100=15$〔%〕

(6) 砂糖が 60 g とけている質量(しつりょう)パーセント濃度(のうど)が 10 % の砂糖水の質量は，$60\ \mathrm{g}\div\frac{10}{100}=600\ \mathrm{g}$ である。はじめの砂糖水が，340 g + 60 g = 400 g なので，加える水は，600 g − 400 g = 200 g である。

4 (1) 硝酸カリウム　(2) ウ　(3) 塩化ナトリウム
(4) ア

解説 (1)(3) 硝酸(しょうさん)カリウムは温度による溶解度(ようかいど)の差が大きいので，水溶液を冷却(れいきゃく)することで結晶(けっしょう)がとり出せる。塩化ナトリウムは温度による溶解度の差が小さいので，水溶液を冷却しても結晶はとり出せない。こうした物質は，水を蒸発(じょうはつ)させることで再結晶させる方法が適している。

(2)(4) **イ**はホウ酸の結晶，**エ**はミョウバンの結晶である。

5 (1) 物質…B　記号…エ　(2) A　(3) ウ

(1) 80 ℃の水 100 g に**A**は約 32 g，**B**は約 40 g とける。水の量が 2 倍になると，それぞれとける量も 2 倍になる。よって，**B**は，40 g×2＝80 g までとける。

(2) 物質**A**は，温度が変化しても溶解度があまり変化しないので，水溶液を冷やす方法は適さない。

(3) ろうとのあしのとがった方をビーカーの壁(かべ)につけ，ガラス棒はろ紙が重なっている部分に当てる。

6 (1) 状態変化　(2) B，C，E　(3) ア，イ
(4) B

解説 (1) 物質が温度の変化によって，その状態を変えることを状態変化という。

(2)(4) 加熱したときの状態変化は，固体→液体→気体であるが，固体から直接気体に変化するものもある。ドライアイス(固体の二酸化炭素)は，室内に置いておくと液体の状態を経(へ)ずに，直接気体の二酸化炭素に変化する。これを昇華(しょうか)という。

(3) 状態変化しても質量は変化しないが，体積は変化するので，密度(みつど)も変化する。

7 (1) 沸点　(2) ①オ　②エ　(3) ウ
(4) 例 集めた液体が逆流しないようにするため。

解説 (1) 沸点では，加えた熱が，液体が気体に状態変化するのに使われるため，温度は上がらない。

(2) 混合物(こんごうぶつ)の沸点は一定の値を示さないが，グラフをよく見るとやや平らな部分が 2 か所ある。2 つ目の平らな部分は，液体**A**の沸点とほぼ同じなので，最初の平らな部分で，液体**B**が沸騰(ふっとう)していると考えられる。5 分から 10 分までの間は，沸点の低い液体**B**を多くふくむ気体が出てくる。15 分から 20 分までの間は，沸点の高い液体**A**を多くふくむ気体が出てくる。

(3) 体積が 1.5 倍になっても，沸点は変化しないが，沸点に達するまでの時間は長くなる。

(4) 火を消したとき，丸底フラスコ内の気体が液体に戻り，体積が減少するので，集めた液体が逆流しないように，ガラス管を試験管からぬいておく。

【３章】身のまわりの現象

1 光の性質

Step 1 基礎力チェック問題 (p.58-59)

1 (1) 等しい　(2) 屈折，大きい　(3) 全反射
(4) 上下・左右が反対向き，実像
(5) 同じ向き，虚像

2 (1) b　(2) c　(3) イ　(4) —

解説 鏡の面に垂直な線と入射光とがなす角は入射角，反射光とがなす角は反射角である。入射角と反射角はつねに等しい。

3 (1) 入射角…ア　屈折角…ウ　(2) 屈折角
(3) 全反射

解説 (1) 空気と水の境界面に垂直な線と入射光とがなす角は入射角，屈折光とがなす角は屈折角である。
(2) 水中→空気中と進むときは入射角＜屈折角となる。
(3) 光が水中から空気中に進むとき，入射角がある角度より大きくなると，光はすべて境界面で反射され，空気中に出ていかなくなる。これを全反射という。

4 右の図

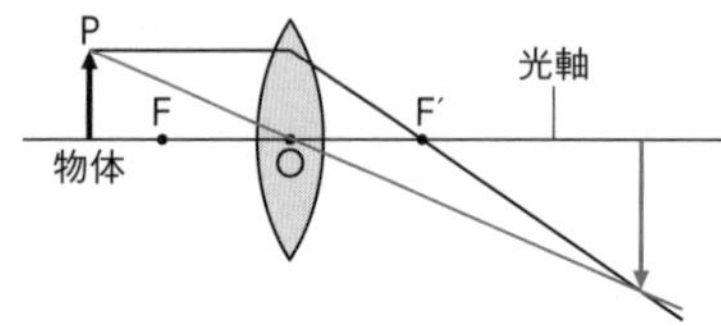

解説 凸レンズの中心を通る光は，凸レンズを通過後，そのまま直進する。２つの光線の交点がP点の像である。

Step 2 実力完成問題 (p.60-61)

1 ①イ　②イ　③エ　④イ

解説 ①平面に垂直に入った光が反射すると，入射光と同じ道すじを反対向きに進む。
②空気中から水中にななめに進む光は，境界面で屈折する。このとき，入射角＞屈折角となる。
③水中から空気中にななめに進む光は，入射角＜屈折角となるように屈折する。

2 (1) 下の図
(2) 像の大きさ…イ　スクリーンの位置…ア

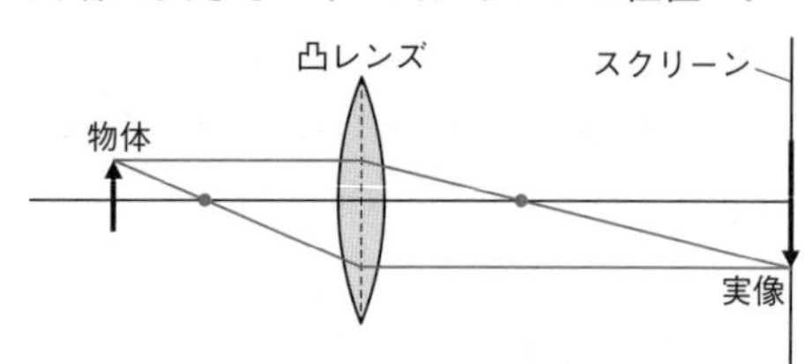

解説 (1) 光軸に平行な光線は，凸レンズを通過後焦点を通る。また，焦点を通る光線は，凸レンズを通過後，光軸に平行に進む。この２つの光線を使って作図する。
(2) 物体を焦点から遠ざけると，像は小さくなり，像がはっきりうつる位置は凸レンズに近づく。

3 (1) イ　(2) ウ　(3) イ　(4) 60°
(5) オ　(6) 小さい。

解説 (4) **イ**と**ウ**は等しい。**ウ**は 90－30＝60° なので**イ**も 60° である。

4 (1) 40 cm　(2) 20 cm（以下）　(3) 虚像
(4) ア

解説 (1) ろうそくと同じ大きさの像ができるのは，ろうそくが焦点距離の２倍の位置にあるときである。したがって，20 cm×2＝40 cm
(2) ろうそくと凸レンズの距離が，焦点距離以下になると，実像はできない。
(3) ろうそくが焦点よりも内側にあるとき，凸レンズを通して虚像が見える。ただし，ろうそくが焦点上にあるときは像ができない。
(4) ろうそくと凸レンズの距離が大きいほど，できる像は小さくなる。

5 (1) 80 cm(以上)　(2) ウ

解説 (1) 下の図のように，①頭の上部から出た光が目に届く経路と，②足の先から出た光が目に届く経路を考える。それぞれ反射の法則が成り立つので，①ではAB＝BC，②ではCD＝DEになる。よって鏡の縦方向の長さ(BC＋CD)は，身長(AE)の２分の１が最小となる。

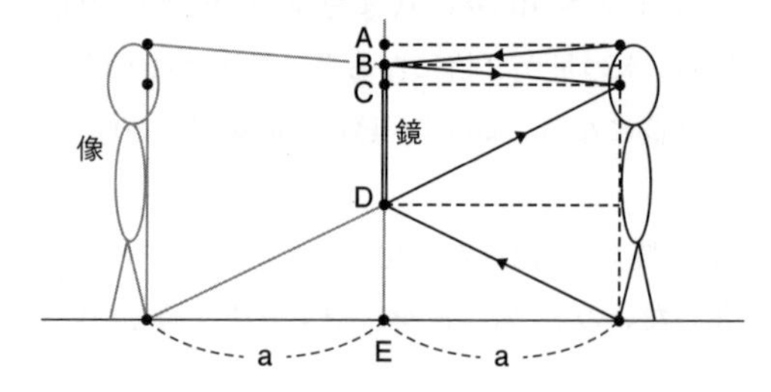

(2) 像はつねに鏡に対して実物と対称な位置にできる。前の図のaの距離が変わっても，(1)と同様の関係式が成り立つ。

2 音の性質

Step 1 基礎力チェック問題 (p.62-63)

1 (1) 伝わる (2) 1360 (3) 振幅
(4) 振動数 (5) 振幅 (6) 高くなる
(7) 大きく (8) 多くなる

解説 (2) 340 m/s×4 s＝1360 m
(5)(6) 音の大きさは振幅，音の高さは振動数で決まる。
(7) 弦を強くはじくと，振幅が大きくなる。
(8) 弦の長さが短いほど，振動数は多くなるので，音が高くなる。

2 (1) 大きくなる。 (2) エ (3) 多くなる。
(4) イ (5) 音の大小…振幅 音の高低…振動数

解説 (1)(2) 弦を強くはじくと，弦の振幅は大きくなり，大きな音が出る。
(3)(4) 弦を強く張ってはじくと，弦の振動数は多くなり，高い音が出る。
(5) 音の大小は振幅，音の高低は振動数に関係する。

3 (1) AとB (2) B (3) ウ (4) B

解説 オシロスコープは，縦軸が振幅，横軸が時間を表し，山から山(谷から谷)の間が1回の振動である。波の山が高い(谷が低い)ほど，振幅が大きい。また，波の間隔がせまいほど，振動数が多い。
(1) AとBは振動数が同じだが，振幅がちがう。
(2) 振幅が大きいほど音が大きい。
(3) Bの方が振幅が大きいので，音が大きい。また，Bの方が振動数が多いので，音が高い。
(4) 弦を強くはじくと振幅が大きくなる。

Step 2 実力完成問題 (p.64-65)

1 (1) (音が)鳴り始める。 (2) 仕切りを入れる前より小さい音が鳴る。((音が)強くは鳴らない。) (3) 空気 (4) 伝わる。

解説 (1) 同じ振動数のおんさでは，Aのおんさの振動が空気を通してBのおんさに伝わり，音が鳴り始める。
(2) AとBの間に仕切りの板を置くと，空気の振動が板でさえぎられるため，振動は伝わりにくくなる。
(3) おんさの振動が空気を伝わっている。
(4) 音の振動は，波としていろいろな物体(物質)の中をあらゆる方向に伝わっていく。

2 (1) 1020 m (2) 344 m/s (3) 900 m

解説 (1) 340 m/s×3 s＝1020 m
(2) 172 m÷0.5 s＝344 m/s
(3) 船から出した音は，海底ではね返り再び船にもどって聞こえている。つまり音は1.2秒間に，1500 m/s×1.2 s＝1800 m 進んだが，これは船から海底までを1往復した距離なので，船から海底までの距離は，1800 m÷2＝900 m

3 (1) A (2) D (3) イ，ウ

解説 (1) 弦の張り方が弱い(つるしているおもりの数が少ない)ほど，弦の振動する速さは遅い。また，弦の長さが長い方が振動する速さは遅い。
(2)(3) 弦を強く張るほど，弦の長さが短いほど，弦の振動する速さは速くなり，弦が一定時間に振動する回数(振動数)が多くなるので，音は高くなる。

4 (1) ウ (2) ウ，エ

解説 (1) 振幅が最も大きいウである。
(2) 振動数が少ないウとエが低い音である。

5 125 Hz

解説 波の山から山，または谷から谷の間が1回の振動で，8目盛り分だから0.008秒である。よって，振動数は，1÷0.008 s＝125 Hz である。

定期テスト予想問題 ⑤ (p.66-69)

1 (1) ①オ ②エ ③イ (2) イ

解説 (2) 空気中から水中に光が進むとき，入射角＞屈折角で屈折する。

2 (1) イ (2) ウ (3) 虚像

解説 (1) 物体が焦点の外側にあるときは，スクリーンに上下・左右が反対向きの実像ができる。光源側から物体を見たときに見える「ტ」という文字が上下・左右反対向きになった像が，凸レンズ側からスクリーンを見たときに見える。

(2) 物体が焦点に近づくほど，像ができる位置は，反対側の焦点より遠ざかり，像の大きさは大きくなる。

(3) 物体が焦点の内側にあるとき，実像はできない。

3 (1) イ (2) A…エ B…ア (3) イ

(4) 例 フラスコAには音を伝える空気が少ないから。

解説 (1) 水が沸騰すると，はじめにフラスコ内にあった空気は，水蒸気によって追い出される。

(2) 実験の②で水蒸気で満たされていたフラスコAは，冷やされると中の水蒸気が水に状態変化するので，フラスコ内は気体がほとんどない状態に近くなる。

(3)(4) 鈴の音は空気中を伝わって聞こえるので，気体がほとんどない状態になったフラスコAは，音が小さく聞こえにくい。Bには空気が入っているのでよく聞こえる。

4 (1) 実像 (2) ウ (3) ⓐ (4) 30 cm

(5) エ (6) イ

(1)(2) 物体と上下・左右が反対向きの実像ができる。

(3) 物体を焦点から遠ざけると，はっきりした像ができる位置は，反対側の焦点に近づく。

(4) 像が物体と同じ大きさになるのは，焦点距離の2倍の位置のときだから，15 cm×2＝30 cm

(5) 物体からレンズに入る光の量が半分になるため，像が全体的に暗くなる。**図1**のようにして，レンズの上半分を通る光によって像ができるので，像が半分になることはない。

(6) 凸レンズを大きいものに変えると，レンズに入る光の量がふえるため，明るい像ができる。像の大きさは変化しない。

5 17.2 m

解説 **図1**より音は，Aさんと校舎の間の距離86 mを，0.5 s÷2＝0.25 sかかって進んだので，音の速さは86 m÷0.25 s＝344 m/sである。また，Bさんと校舎の間を音は，0.4 s÷2＝0.2 sかかって進んだ。したがって，Bさんと校舎の間の距離は，344 m/s×0.2 s＝68.8 mより，86 m－68.8 m＝17.2 mがAさんとBさんの間の距離である。

6 (1) 屈折光…ウ 反射光…オ (2) イ

解説 (2) ガラス板を通して見ると，右の図のように光はB点，C点で屈折して目に届くが，人にはD点から直進してきたように左にずれて見える。

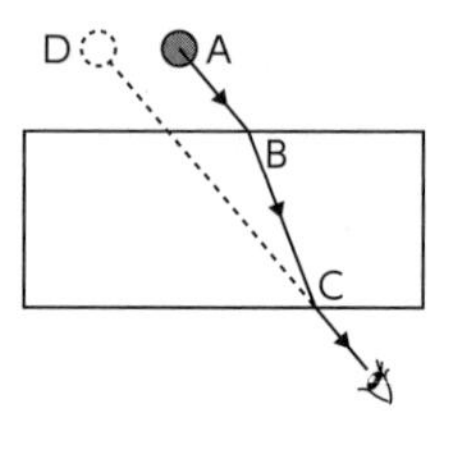

7 (1) ウ (2) ウ (3) ア (4) イ

解説 (1) 弦の張り方を強くすると，音は高くなる。

(2) 弦の長さを短くすると，音は高くなる。

(3) 音の高さは，振動数によって決まる。

(4) 弦が細いほど，音は高くなる。

3 力のはたらき(1)

Step 1 基礎力チェック問題 (p.70-71)

1 (1) 形 (2) 重力 (3) ニュートン (4) 100

(5) 比例，フック (6) 重さ，ばねばかり

(7) 向き，作用点 (8) 長さ

解説 (6) 質量は物体そのものの量のことで，上皿てんびんではかることができる。

(8) 力を矢印で表すとき，力の大きさは矢の長さ，力の向きは矢の向き，作用点は矢の根元で表す。

2 ①A ②C ③B ④A ⑤B

解説 ①④空き缶やゴムの形が変わる。②バーベルを支えている。③⑤静止していたボールが動いたり，動いているボールが止まったりすることは，物体の動きが変わったことである。

3 (1) 6 N (2) 900 g (3) 2 cm (4) 600 g

解説 (1) 100 gの物体にはたらく重力の大きさが1 Nなので，600 gの物体にはたらく重力は6 Nである。

(2) ばねののびは，ばねを引く力の大きさに比例する。6 Nのときのばねののびが12 cmなので，ばねを1 cmのばすのに必要な力の大きさは，6 N÷12＝0.5 Nである。これより，ばねを18 cmのばすのに必要な力は，0.5 N×18＝9 Nである。9 Nの重力がはたらく物体の質量は，900 gである。

また，おもりBの重さをx Nとおいて求める場合は，6 N：x N＝12 cm：18 cmより，x＝9であることから求められる。

(3) 月面上では，おもりAにはたらく重力の大きさが6分の1になるので，ばねののびも6分の1になる。したがって，$12\,\text{cm}\times\frac{1}{6}=2\,\text{cm}$

(4) 地球上では，上皿てんびんの左右の皿にのせたおもりAと600 gの分銅はつり合っている。これを月面上に持っていくと，どちらにも地球上の6分の1の重力がはたらくので，つり合いは変わらない。

4 下の図

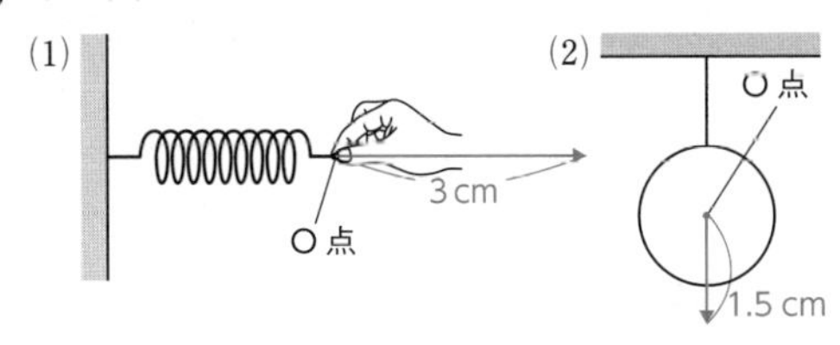

解説 (1) 1 Nの力を1 cmで表すのだから，3 Nは3 cmで，矢印をO点から右向きにかく。

(2) 100 gの物体にはたらく重力を1 Nとするので，300 gの物体にはたらく重力は3 Nである。物体にはたらく重力を表すときは，物体の中心(重心(じゅうしん))から下向きに矢印をかく。

Step 2 実力完成問題 (p.72-73)

1 (1) ①ウ ②イ ③エ ④ア (2) ア，エ

解説 (1) ①2つの物体がふれ合っているとき，物体の運動をさまたげる摩擦力(まさつりょく)がはたらく。②竹ひごやゴムなどは形を変えると，もとにもどる弾性力(だんせいりょく)がはたらく。③磁石のN極とS極の間には引き合う力が，N極どうし，S極どうしの間には反発する力がはたらく。④地球上のすべての物体には，地球の中心に引っ張る重力がはたらいている。

(2) 重力と磁力(じりょく)は物体どうしが離(はな)れていてもはたらく。

2 (1) 右の図 (2) 力の向き (3) 摩擦力(摩擦の力)

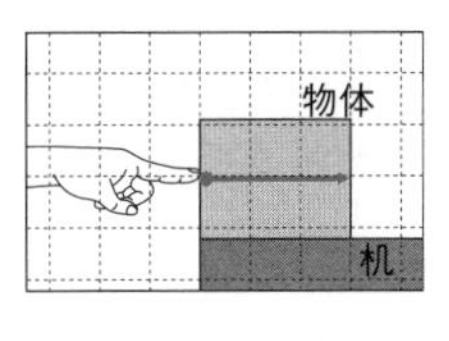

解説 (1) 1目盛りが1 Nなので，3 Nは，3目盛り分の長さになる。

(2) 力の矢印では，矢の根元は作用点，矢の向きは力の向き，矢の長さは力の大きさを表している。

(3) 摩擦力は，物体が動こうとする向きの反対向きにはたらく。

3 イ

解説 ばねを引く力の大きさとばねののびとの関係のグラフは，原点を通る直線のグラフとなる。測定値には誤差(ごさ)がふくまれているので，すべての点のなるべく近くを通るように直線を引く。

4 (1) A…20 cm B…10 cm
(2) A…0.05 N B…0.1 N (3) ばねA

解説 (1) ばねAは，0.2 Nで4 cmのびるので，1 Nでは，$4\,\text{cm}\times\frac{1.0\,\text{N}}{0.2\,\text{N}}=20\,\text{cm}$ のびる。

ばねBは，0.2 Nで2 cmのびるので，1 Nでは，$2\,\text{cm}\times\frac{1.0\,\text{N}}{0.2\,\text{N}}=10\,\text{cm}$ のびる。

(2) ばねAは，$0.2\,\text{N}\div4=0.05\,\text{N}$，ばねBは，$0.2\,\text{N}\div2=0.1\,\text{N}$

(3) 同じ力では，ばねAの方がばねののびが大きい。

5 (1) 2 cm (2) 17.5 cm (3) 1.8 N

解説 (1) このばねのもとの長さ(何もつるさないときの長さ)は10 cmである。ばねの長さ＝もとの長さ＋ばねののび なので，40 gのおもりをつるしたときのばねののびは，$12\,\text{cm}-10\,\text{cm}=2\,\text{cm}$である。

(2) 40 gのおもりにはたらく重力は0.4 N。(1)より，0.4 Nのときのばねののびは2 cmなので，150 g（重さ1.5 N)のおもりをつるしたときののびは，$2\,\text{cm}\times\frac{1.5\,\text{N}}{0.4\,\text{N}}=7.5\,\text{cm}$ である。したがって，ばねの長さは，$10\,\text{cm}+7.5\,\text{cm}=17.5\,\text{cm}$ である。ばねののびとばねの長さを混同しないようにする。力の大きさに比例するのは，ばねののびである。

(3) ばねののびは，$19\,\text{cm}-10\,\text{cm}=9\,\text{cm}$ なので，加えた力は，$0.4\,\text{N}\times\frac{9\,\text{cm}}{2\,\text{cm}}=1.8\,\text{N}$

6 A…28 cm B…24 cm

解説 Aには，Aのばねの下のおもり2個分の力がはたらくので，$2\,\text{cm}\times\frac{2.0\,\text{N}}{0.5\,\text{N}}=8\,\text{cm}$ のび，ばねの長さは，$20\,\text{cm}+8\,\text{cm}=28\,\text{cm}$。Bには，Bのばねの下のおもり1個分の力がはたらくので，$2\,\text{cm}\times\frac{1.0\,\text{N}}{0.5\,\text{N}}=4\,\text{cm}$ のび，ばねの長さは，$20\,\text{cm}+4\,\text{cm}=24\,\text{cm}$

4 力のはたらき(2)

Step 1 基礎力チェック問題 (p.74)

1 (1) 等しい(同じ)
(2) 同一直線(一直線)　反対向き
(3) 重力, 垂直抗力　(4) 2　(5) 3, 摩擦力

解説 (1)(2) 1つの物体にはたらく2つの力が，大きさが等しく，向きが反対向きで，同一直線上にあるとき，その2つの力はつり合いの関係にある。
(3) 机の上に置いた本が静止しているのは，本にはたらく下向きの重力と机の面から受ける上向きの垂直抗力がつり合っているからである。
(4) ばねにつるされたおもりには，下向きに重力，上向きにばねが引く力(弾性力)の2つの力がはたらいてつり合っている。質量 200 g のおもりにはたらく重力は2N なので，ばねがおもりを引く力も2N である。
(5) 床に置いた物体を水平に押しても動かないときは，押す力と同じ大きさで反対向きに摩擦力がはたらいている。その大きさは物体を押す力と同じである。

Step 2 実力完成問題 (p.75)

1 (1) よい。　(2) イ

解説 (1) 物体が静止しているのだから，2力はつり合っている。

2 (1) 右の図
(2) 垂直抗力
(3) 左(向きの力)
(4) 摩擦力(摩擦の力)
(5) ウ

解説 (1)(2) 地球が「本」を引く力(重力)と，机の面が「本」を押す力(垂直抗力)がつり合っている。本と机の接する面から，重力と同じ長さで，同一直線上に反対向きにはたらく矢印をかく。なお上の図では矢印が重ならないよう少しずらしてかいている。
(3)(4)(5) 本を押す力と，本と机が接している面ではたらく力(摩擦力)がつり合っている。

3 2つの力が一直線上にないから。

定期テスト予想問題 ⑥ (p.76-79)

1 (1) エ　(2) イ

解説 (1) アのサッカーボールは，はじめは静止していたので運動していない。

2 下の図

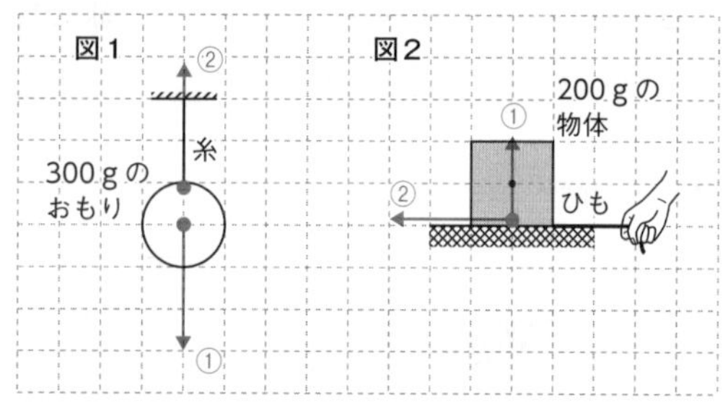

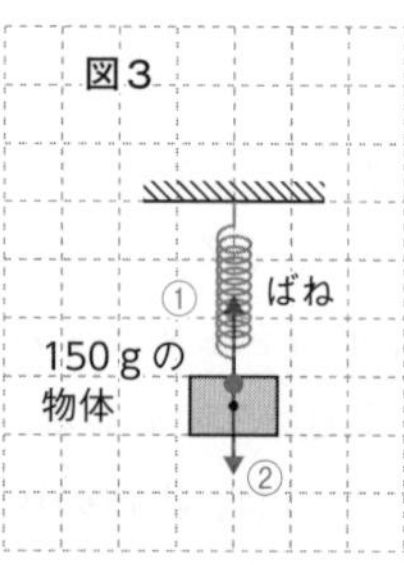

解説 (1) ①おもりにはたらく重力は，おもりの中心から3目盛りの長さの矢印を下向きに引く。
②糸がおもりを引く力は，同じ3目盛りの長さで上向きの矢印を，糸がおもりにつながっている点から引く。
(2) ①垂直抗力は，物体にはたらく重力2N とつり合う力で，物体が接している面の中心からはたらき，2N の大きさで上向きにはたらく。よって，物体の中心を通り2目盛りの長さの矢印を引く。
②摩擦力は手で引く3N の力とつり合っていて，物体が接している面ではたらき，3N の大きさで手がひもを引く向きとは反対向きにはたらいている。
(3) ①ばねが物体を引く力は，物体のばねと接するところから上向きにはたらき，物体にはたらく重力とつり合っている。よって大きさは 1.5 N。
②物体が重力を受けることで，物体はばねを引いているので，物体がばねを引く力も，物体のばねと接するところから 1.5 N ではたらく。

3 (1) (かばんにはたらく)重力
(2) 弾性力(弾性の力)
(3) 垂直抗力　(4) 摩擦力(摩擦の力)

4 (1) 例 比例(の関係) (2) 6 cm (3) 1 cm

(4) ① 5 N ②大きさ…4 N 向き…左

解説 (2) グラフによると，6 N のおもりで 3 cm のびているので，12 N（質量 1.2 kg のおもりにはたらく重力）のおもりでは，$3\text{ cm}\times\frac{12\text{ N}}{6\text{ N}}=6\text{ cm}$ のびる。

(3) おもりの重さが6分の1になると，ばねののびも6分の1になる。

(4) ①質量が 500 g の木片にはたらく重力の大きさは5 N である。垂直抗力は，重力とつり合うので同じ5 N の大きさである。②ばねののびが 2 cm のときは，グラフより 4 N の力がはたらいている。木片は静止したままなので，摩擦力の大きさも 4 N であり，木片を引く力とは反対向きにはたらいている。

5 ア…重力 イ…質量 ウ…2

エ…300 オ…垂直抗力

解説 (1) 地球上の物体には，物体がどのような状態にあってもつねに重力がはたらいている。

(2) 重力の大きさは質量に比例し，質量が 100 g の物体にはたらく重力を 1 N とすると，200 g の物体には 2 N，300 g の物体には 3 N の重力がはたらく。

(3) 人にはたらく重力と，地面などから受ける垂直抗力とはつり合いの関係にある。

6 A…2力の大きさがちがう。

B…2力が一直線上にない。

C…○

D…2力が一直線上にない。（2力の向きが反対ではない。）

7 (1) ア，イ，エ (2) エ (3) オ

(4) ウとカ

解説 (1)(2) **ア**はおもりにはたらく重力，**イ**は垂直抗力，**エ**は糸がおもりを引く力である。

(3) 糸はばねばかりにつながった点を作用点としてばねばかりを下向きに引いている。

(4) **ウ**はおもりが糸を下向きに引く力，**カ**はばねばかりが糸を上向きに引く力で，2つの力は同じ大きさであり，向きが反対，同一直線上にある。

8 (1) 右の図 (2) 300 g

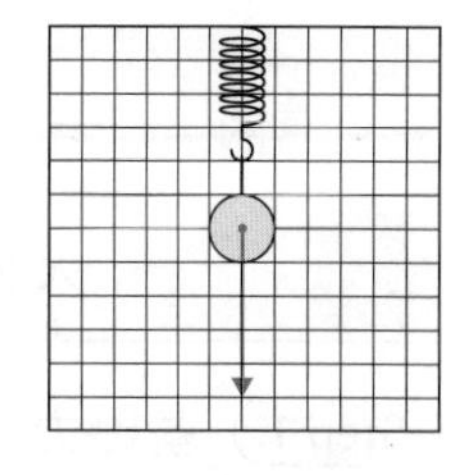

(3) 27 cm

(4) ① 300 g

② 18 cm

(5) ① 10 cm

② 12 cm

解説 (1) おもり a にはたらく重力は 5 N である。おもり a の中心から下向きに5目盛り分の長さの矢印をかく。

(2) ばね A は，1 N で 2 cm のびる。ばね A ののびが 16 cm になるときのばねを引く力は，$1\text{ N}\times\frac{16\text{ cm}}{2\text{ cm}}=8\text{ N}$。おもり a は 5 N だから，おもり b の重さは，8 N − 5 N = 3 N。したがって，おもり b の質量は 300 g である。

(3) ばね A とばね B にはそれぞれ 4.5 N の力がはたらく。ばね A ののびは，$2\text{ cm}\times\frac{4.5\text{ N}}{1\text{ N}}=9\text{ cm}$ になる。ばね B は，1 N で 4 cm のびるので，$4\text{ cm}\times\frac{4.5\text{ N}}{1\text{ N}}=18\text{ cm}$ のびる。したがって，のびの合計は，9 cm + 18 cm = 27 cm

(4) ①**図5**の状態で全体がつり合っているので，ばね A，B を両側から引いている力の大きさは等しい。よって，おもり c と d の重さは等しいので，その質量も等しい。

②直列につながれたばね A，B には同じ大きさの力が左右から引く向きにはたらいていて，その大きさは質量 300 g のおもりの重さ 3 N に等しい。（ばねが両側から 3 N の力で引かれてのびているとき，ばねにはたらく力が 3 N である。）よって**図1**よりばね A ののびは，6 cm，ばね B ののびは，12 cm で，その和は，6 cm + 12 cm = 18 cm である。

(5) ①ばね A には，その下にある 200 g と 300 g のおもりの重さの和 5 N がかかるので，のびは，$2\text{ cm}\times\frac{5\text{ N}}{1\text{ N}}=10\text{ cm}$ である。

②ばね B には，その下の 300 g のおもりの重さ 3 N だけがかかるので，のびは，**図1**より 12 cm である。

【4章】大地の変化

1 火をふく大地

Step 1 基礎力チェック問題 (p.80-81)

1 (1) マグマ (2) 弱く, おだやかな噴火
(3) 深成岩 (4) 石基, 斑晶, 斑状
(5) 等粒状組織 (6) 無色鉱物

解説 (4) 火山岩は, マグマが地表や地表付近で急に冷え固まってできた岩石である。
(5) 等粒状組織は, 同じくらいの大きさの鉱物が組み合わさっている, 深成岩のつくりである。

2 (1) A (2) B (3) ウ
(4) マグマのねばりけ(マグマの性質)

解説 (1) マグマのねばりけが弱いと, 溶岩を流し出すおだやかな噴火をし, Aのように傾斜がゆるやかな形の火山になる。
(2) マグマのねばりけが強いと, 火山噴出物の色は白っぽく, 盛り上がった形の火山になる。
(3) 盛り上がった形の火山には, 昭和新山や雲仙普賢岳, 有珠山などがある。
(4) 火山の形は, マグマのねばりけによって異なる。

3 (1) ウ (2) ア (3) イ

解説 鉱物は, マグマが冷えてできた粒のうち, 結晶となったものである。長石は無色鉱物, 磁鉄鉱, 黒雲母, カンラン石は有色鉱物である。

4 (1) A (2) a…斑晶 b…石基
(3) 等粒状組織

解説 (1)(3) マグマが地下深くでゆっくり冷え固まると鉱物が大きく成長し, ほぼ同じ大きさの鉱物がたがいに組み合わさった等粒状組織となる。
(2) Bは斑状組織で, ガラス質の石基の中に, 大きな鉱物の斑晶が散らばるつくりである。

Step 2 実力完成問題 (p.82-83)

1 (1) マグマ (2) 溶岩 (3) 水蒸気
(4) C…火山灰 D…火山弾

解説 (2) マグマが地表に噴出したものや, それが冷え固まったものを溶岩という。
(3) 火山ガスのおもな成分は水蒸気である。
(4) 溶岩の破片で直径2 mm以下のものを火山灰, 直径2～64 mmのものを火山れきという。ふき飛ばされたマグマが空中で冷え固まってラグビーボールのような特有な形になったものを火山弾という。

2 (1) A (2) 黒っぽい。 (3) B

解説 (2) ねばりけが弱いマグマが冷え固まると黒っぽい色になる。
(3) マグマのねばりけが強いと, Bのような盛り上がった形になり, 爆発的な激しい噴火をする。

3 (1) 石英(セキエイ) (2) 等粒状組織 (3) 深成岩

解説 (1) 石英は無色鉱物で, 不規則に割れる。
(3) マグマが地下深くでゆっくり冷やされてできた岩石を深成岩という。花こう岩は深成岩である。

4 (1) 斑晶 (2) 石基 (3) 斑状組織 (4) ア

解説 (3)(4) 安山岩は, マグマが地表やその近くで急に冷え固まった火山岩なので, 斑状組織である。

5 (1) a…長石(チョウ石)
b…黒雲母(クロウンモ)
(2) ア (3) 玄武岩

解説 (1) 長石はすべての火成岩にふくまれている。
(3) 玄武岩の方が有色鉱物を多くふくむので, 流紋岩より黒っぽい。

6 (1) 例 無色鉱物の割合が, Aが94%, Bが52%となるから。 (2) A

解説 (1) 無色鉱物には石英と長石があてはまる。無色鉱物の割合は, Aが石英と長石を合わせて33 + 61 = 94〔%〕, Bは長石のみで52%である。
(2) ねばりけの強いマグマがつくる火山噴出物は, 色が白っぽくなる。

2 ゆれ動く大地

Step 1 基礎力チェック問題 (p.84-85)

1 (1) 震央 (2) 初期微動, 主要動 (3) 初期微動
(4) 長い (5) 震度 (6) 太平洋側
(7) プレート

解説 (3) 初期微動はP波が届いて起こるゆれ, 主要動はS波が届いて起こるゆれである。

(6) 日本付近の震源の分布は，太平洋側から日本海側に向かって震源の深さがしだいに深くなっていく。

2 (1) 震源　(2) 震央　(3) P波
　(4) マグニチュード

解説 (3) P波はS波よりも伝わる速さが速い。

3 (1) A　(2) S波　(3) イ

解説 (1) 初期微動は，はじめの小さなゆれである。
(2) Bは，あとからくる大きなゆれの主要動である。主要動は，S波が届くと起こる。
(3) 地震のゆれが大きくなると，地震計のゆれの記録の振れ幅も大きくなる。

4 (1) B　(2) 8 km/s　(3) 25 秒
　(4) 比例(の関係)

解説 (1) S波は，P波よりも伝わる速さが遅い。
(2) 400 km の距離を 50 秒かけて伝わっているので，400 km÷50 s＝8 km/s
(3) 初期微動継続時間は，P波が到着してからS波が到着するまでの時間である。グラフより，200 km の地点では，25 秒後にP波が到着し，50 秒後にS波が到着しているので，50 s－25 s＝25 s
(4) 初期微動継続時間は，震源からの距離が大きくなると，それに比例して長くなる。

Step 2 実力完成問題 (p.86-87)

1 (1) 初期微動　(2) 主要動　(3) ゆれB
　(4) ウ　(5) 初期微動継続時間　(6) 30 秒間

解説 (4) 地震が起こると震源から同時に2種類の波が発生し，速い波(P波)が先に伝わり，あとから遅い波(S波)が伝わる。
(6) 初期微動継続時間は，震源からの距離に比例する。160 km：240 km＝20 s：x s
x＝30 s

2 (1) イ　(2) 規模の大きさ(地震のエネルギーの大きさ)　(3) (約)32 倍　(4) 変わらない。
　(5) ウ

解説 (1) 地震によるゆれの大きさは，地震の規模や震源からの距離のほか，土地の性質などによっても異なる。
(2)〜(3) マグニチュードは地震の規模の大きさを表し，1つの地震に対し，マグニチュードの値は1つである。

3 (1) ウ　(2) ①海洋　②大陸

解説 (1) プレートの境界付近では，深さ 50 km より深いところでは震源の数は少なくなっている。
(2) 海溝では，海洋プレートが大陸プレートの下に沈みこむ。このとき，大陸プレートが引きずられる。大陸プレートのひずみが大きくなり，たえきれなくなると，反発によって地震が起こる。

4 (1) 15 秒　(2) 12 時 30 分 32 秒
　(3) 12 秒後

解説 (1) 表より 40 km の地点で 5 秒。初期微動継続時間と震源からの距離は比例しているので，震源からの距離が 120 km の地点における初期微動継続時間を x 秒とすると，x：5＝120：40 より，x＝15 s。
(2) P 波は 160 km－40 km＝120 km 進むのに，12 時 30 分 52 秒－12 時 30 分 37 秒＝15 秒かかっている。よってP波の速さは，120 km÷15 s＝8 km/s である。P 波が震源から 40 km 進むのに 40 km÷8 km/s＝5 s かかるので，地震が発生した時刻は，12 時 30 分 37 秒－5 秒＝12 時 30 分 32 秒。
(3) S 波は 160 km－40 km＝120 km 進むのに，12 時 31 分 12 秒－12 時 30 分 42 秒＝30 秒かかっている。よってS波の速さは，120 km÷30 s＝4 km/s である。80 km の地点で大きなゆれが始まるのは，80 km÷4 km/s＝20 s より，地震発生の 20 秒後の 12 時 30 分 52 秒となる。緊急地震速報が出るのは 12 時 30 分 37 秒の 3 秒後の 12 時 30 分 40 秒なので，80 km 地点では緊急地震速報の 12 秒後に大きなゆれが始まる。

定期テスト予想問題 ⑦ (p.88-91)

1 (1) B→C→A　(2) B　(3) A

解説 (2) マグマのねばりけが強いと，爆発をともなう激しい噴火が起こる。
(3) マグマのねばりけが弱い火山の噴出物は有色鉱物が多くふくまれていて，黒っぽい色をしている。

2 (1) 石基　(2) 等粒状組織　(3) B　(4) A

解説 (3) 火成岩Aと火成岩Bにふくまれる鉱物のちがいはカクセン石と石英である。石英は無色鉱物なので，火成岩**B**の方が全体として白っぽく見える。

(4) 安山岩は火山岩なので，岩石のつくりは斑状組織である。斑状組織のつくりを示しているのは火成岩**A**である。

3 (1) C　(2) 波…P波　速さ…8 km/s
(3) 10秒　(4) ウ

解説 (1) 初期微動継続時間が短いほど，震源に近い。

(2) 初期微動を起こす波はP波である。グラフより，40 km÷5 s＝8 km/s である。

(3) 震源からの距離が 80 km の地点の横軸のP波の到達時間とS波の到達時間の差を求めればよいので，20－10＝10〔秒〕である。

(4) マグニチュードは，地震の規模(地震のエネルギーの大きさ)を表す。マグニチュードの値が1大きくなると，エネルギーは約32倍になる。

4 (1) プレート　(2) イ　(3) a

解説 (1) 岩盤**A**は海洋プレート，岩盤**B**は大陸プレートである。

(2)(3) 海洋プレートが大陸プレートの下に沈みこむとき，大陸プレートを引きずりこむ。このとき生じるひずみにたえきれず，大陸プレートが反発すると，地震が発生する。プレートの境界では，大地震が発生しやすい。

5 (1) 結晶の大きさ　(2) ①深成岩　②火山岩
(3) ア

解説 (1) この実験は，ミョウバンの水溶液をマグマに見立てて，冷やし方のちがいによってできる結晶の大きさを比べている。

(2) **a**はゆっくり冷やしているので大きな結晶に成長している。**b**は急速に冷やしているので大きな結晶に成長していない。

(3) 玄武岩は火山岩である。

6 (1) ア　(2) エ　(3) 活断層

解説 (2) **図**より震源の深さは太平洋側で 100 km 未満のところが多く，日本海側に向かって深くなり，日本海では 300 km 以上～500 km 未満のところが多い。

7 (1) ウ　(2) 黒雲母(クロウンモ)
(3) 例 マグマから気体成分がぬけ出たから。
(4) イ　(5) エ

解説 (2) 黒色で，うすくはがれる性質をもつ鉱物は黒雲母である。

(3) マグマが地表に出てきたとき，マグマにふくまれていた気体成分が気体となってぬけ出るため，穴があく。

(4) 図は等粒状組織を示しているので，岩石**A**は深成岩である。

8 (1) ウ　(2) 図1　理由…例 ゆれを感じる範囲が広いから。　(3) 津波

解説 (1) 同じ震度を表した曲線に囲まれた中央部分が震央となる。

(2) マグニチュードが大きいほど，全体として広範囲に地震の波が伝わる。

(3) 震源が海底の地震では，海底の変動によって津波が起こる場合がある。

3 地層のでき方と堆積岩

Step 1 基礎力チェック問題 (p.92-93)

1 (1) 古い　(2) 火山の噴火　(3) 風化
(4) 侵食　(5) 大きい　(6) 丸みを帯びている
(7) 大きさ　(8) 石灰岩
(9) チャート　(10) 火山灰，角ばっている

解説 (1) 堆積物は，下から上へと積み重なる。

(5) 粒が大きいものほどはやく沈むので，海岸近くに堆積する。

(6) れき岩，砂岩，泥岩は，川の水によって運搬された土砂が堆積して押し固められてできた堆積岩なので，粒は丸みを帯びている。

(10) 凝灰岩をつくる火山灰の粒は水のはたらきを受けていないため，角ばっている。

2 (1) ウ　(2) 下の層

解説 (1) 海岸近くには粒の大きいれきが堆積し，海岸から離れるほど粒の小さい泥が堆積する。

(2) 堆積物はふつう，下から上へと堆積していくので，下の層ほど古い層である。

3 (1) エ　(2) れき岩　(3) ア

解説 (1) れき岩，砂岩，泥岩は，岩石をつくる土砂の粒の大きさによって分類される。粒の直径が 2 mm 以上のものをれき岩，0.06～2 mm のものを砂岩，0.06 mm 以下のものを泥岩という。

(2) 2 mm以上の粒を多くふくんでいる。

4 ア

解説 花こう岩はマグマが冷えてできる火成岩。

Step 2 実力完成問題 (p.94-95)

1 (1) A (2) 小さくなる。

解説 (1) 海岸に近いところほど，粒の大きいれきが堆積する。

(2) 海面が上昇すると，海岸線が陸の方へ移動する。したがって，Aは海岸から遠くなるので，堆積する粒の大きさは小さくなる。

2 ①イ ②ウ ③オ ④カ

解説 ③火山灰や火山れきなどが押し固められてできた堆積岩を凝灰岩という。

④生物の死がいや水中にとけていた物質が堆積して固まった岩石にはチャートと石灰岩があり，石灰岩はうすい塩酸をかけると泡(二酸化炭素)が出る。チャートはうすい塩酸をかけても泡は出ない。

3 (1) **図1**…V字谷 **図2**…扇状地
図3…三角州

(2) 1 (3) 2

解説 (1)(2) V字谷は，川の上流で川底の傾きが大きく，川底への侵食作用が大きいところでできる。

(3) 扇状地は，山間部を流れる川が盆地などの平地に急に出てきたような場所にできる。粒の大きい土砂が堆積しているため水はけがよく，果樹園をつくるのに適している。

4 (1) 石灰岩 (2) 二酸化炭素 (3) チャート
(4) イ

解説 (3) チャートはとてもかたい岩石なので，くぎでこすっても傷がつかない。

5 (1) A (2) 粒の形が丸みを帯びているから。
(3) A (4) イ，ウ，オ

解説 (3) Bは等粒状組織の火成岩である。火成岩に化石がふくまれることはない。

(4) 花こう岩と安山岩は火成岩である。

6 (1) ア，イ，カ (2) エ

(3) 例 くぎでひっかいて傷がつくかどうか調べる。うすい塩酸をかけて泡を発生させるかどうか調べる。

解説 (1) 泥岩，砂岩，れき岩は，いずれも土砂がもとになる岩石で，粒の大きさによって分類される。

(2) 凝灰岩のもとになる火山灰は，粒が角ばっていることから観察によって他と区別できる。

(3) チャートと石灰岩は粒をルーペで見ることができない。くぎやうすい塩酸を用いると，2つの岩石を区別することができる。石灰岩をくぎでこすると傷がつくが，チャートはくぎでこすっても傷がつかない。石灰岩にうすい塩酸をかけると，二酸化炭素の泡を発生させるが，チャートにうすい塩酸をかけても反応しない。

4 化石と地層からわかること

Step 1 基礎力チェック問題 (p.96-97)

1 (1) 示相化石 (2) 古生代，示準化石
(3) 隆起，沈降 (4) プレート
(5) 海洋プレート (6) 海嶺

解説 (2) 示準化石は，地層が堆積した時代を知る手がかりになる化石である。

2 (1) D層 (2) 火山の噴火 (3) ウ (4) ア

解説 (1) ふつう，地層は下の層ほど古い。

(2) 凝灰岩は火山灰などが押し固められてできるので，火山の噴火があったことがわかる。

(4) れきは海岸に近いところで堆積し，泥は海岸から遠いところに堆積する。

3 (1) しゅう曲 (2) 断層 (3) A…ア
B…イ C…ア (4) プレート

解説 (1)～(3) Aはしゅう曲で，地層に横から押す力がはたらいて，地層が曲げられたものである。Bは断層(正断層)で，横に引っ張られる力がはたらいている。Cは断層(逆断層)で，横から押す力がはたらいている。

(4) しゅう曲や断層などの地層の変形は，プレートの動きによる力によって起こる。

Step 2 実力完成問題 (p.98-99)

1 (1) B (2) ア (3) イ (4) 示相化石

解説 (2) ビカリアは新生代に栄えた生物である。

(3) ホタテガイは，冷たく浅い海に生息している。

2 (1) 柱状図　(2) b→c→a　(3) イ

解説 (2) この地域では，凝灰岩の層は１つしかないので，それぞれの凝灰岩の層はつながっていると考えられる。また，地層の上下の逆転や断層は見られないので，下の層ほど古い層である。

(3) 凝灰岩の層の上の部分の標高をそれぞれ求めると，A…90－25＝65〔m〕，B…80－５＝75〔m〕，C…90－15＝75〔m〕となる。したがって，南北方向は水平で，西に低くなっていることがわかる。

3 (1) 示準化石

(2) ①ア　②エ

解説 (1) アンモナイトは，中生代に栄えた生物である。

(2) 示準化石に適しているのは，種の生存期間が短く，広い範囲にすんでいた生物の化石である。

4 (1) B　(2) ア　(3) 海溝

(4) 例 日本付近にはプレートの境界があり地震が起こりやすいから。

解説 (1)〜(3) 海底をつくるプレートが海洋プレートである。海洋プレートは，海溝で大陸プレートの下に沈みこんでいる。

(4) プレートの境界では，火山や地震が多い。

5 (1) 例 A層が隆起したあと，風化や流水による侵食を受けた。　(2) ア→エ→ウ→イ

解説 A層が堆積したあと，Y—Y′の断層ができた。やがて，A層は隆起して陸になり，風化や流水の侵食を受けてX—X′ができた。その後A層は沈降して，その上にB層が堆積した。再び，隆起して陸になり，図のような地層が現れた。

定期テスト予想問題 ⑧　(p.100-103)

1 (1) 例 岩石の破片が飛んで目に入るのを防ぐため。

(2) うすい塩酸　(3) エ

解説 (2)(3) 石灰岩にうすい塩酸をかけると泡(二酸化炭素)が発生する。

2 (1) ア　(2) 示準化石　(3) ア　(4) 示相化石

解説 (1) アンモナイトは中生代，ビカリア，ナウマンゾウは新生代，サンヨウチュウは古生代に栄えた生物である。

3 (1) 風化　(2) V字谷　(3) 侵食　(4) 泥

(5) 例 粒の小さいものほど海岸から遠くまで運ばれるから。

解説 (2)(3) V字谷は，侵食がさかんな川の上流で見られる。

4 (1) 断層　(2) しゅう曲　(3) 小さくなる。

解説 (3) 海岸から遠い場所には，小さい粒が堆積する。

5 (1) B　(2) E　(3) E　(4) イ

(5) 粒が丸みを帯びているから。　(6) ア

解説 (1) 粒の小さいものほど，水の動きが少ない場所に堆積する。

(2) 河口や海岸近くでは，れきなどの粒の大きいものが堆積する。

(3) ふつう，地層は下の層ほど古い。

(4) アは火山岩，ウは深成岩のつくりである。

6 (1) ウ，オ　(2) イ

解説 (1) 堆積岩には化石がふくまれることがある。

(2) アンモナイトの化石は示準化石である。広い範囲にすみ，短い期間栄えた生物の化石が示準化石に適している。

7 (1) ウ　(2) 火山灰　(3) D　(4) 90 m

解説 (3) 地層は上にある地層ほど新しい。凝灰岩層を鍵層として考える。

(4) 地層全体は東が低くなるように傾いている。Pは，CとDのちょうど中間だから，求める層の上面の海抜高度は，(140＋100)÷2＝120〔m〕。Pの地表の海抜高度は210 m。したがって，210－120＝90〔m〕

8 (1) 横から押す力　(2) Ⓑ　(3) 侵食

解説 (1) X—X′の断層の面より上の層(上盤)が上がっているので逆断層である。逆断層は，横から押す力がはたらいてできる。

(2)(3) Y－Y′の面は，海底が隆起して陸地になり，風化や流水による侵食を受けてでこぼこになった。その後，沈降して再び海底になるとその上に土砂が堆積して，Ⓑ→Ⓐの層ができた。